기본 두피관리학

Level Ⅱ

東明社

머리말

인체의 외모중 가장 많은 변화와 아름다움의 조건이 우선인 것은 모발인데 모발의 문제는 곧 아름다움과도 직결되기에 두피관리가 중요하다 할 것이다.

현대인의 탈모문제는 날로 늘어가는 것이 현실이지만 뾰족한 방법이 없은 것이 현실이며 그것은 탈모문제의 원인이 그만큼 다양하고 복잡하기 때문이기도 하다.

인터넷의 발달로 탈모관련의 오류된 지식이 범람하여 오히려 탈모로 고민하는 분들은 어지럽히는 것도 사실이다.

이런 상황에서 두피관리사(Trichologist)의 역할이 중요하다 하겠다.

두피관리사는 정확한 이론과 정보 및 임상을 바탕으로 선진국의 보다 앞선 지식과 정보를 공유하고 연구하여 두피관련 문제로 고생하는 분들에게 도움을 주어야 하기 때문이다.

이 책은 두피관리사로 입문하는 분들에게 도움이 되고자 비교적 쉬운 내용으로 꾸민 것은 기초지식을 탄탄하게 하기 위함이다. 차후 더 심도 있는 내용으로 출간할 것을 약속드린다.

2011.11

저자 김경란, 장미엽, 장수만, 한애란

대한두피협회, 대한가발협회, IHT국제두피가발전문가연합 주관

차례

차례

차례

Chapter

I 두피의 생리

1 두피의 구조

피부는 신체 표면을 덮고 있으며 환경과의 접촉으로부터 내부 구조를 보호하고 항상성을 유지하는 복합 조직층으로 인체기관중 가장 큰 기관이며 구조, 기능, 해부학 및 생리학적으로 그 기능이 매우 복잡하고 중요하다.

피부는 표피, 진피, 피하지방으로 나눈다.

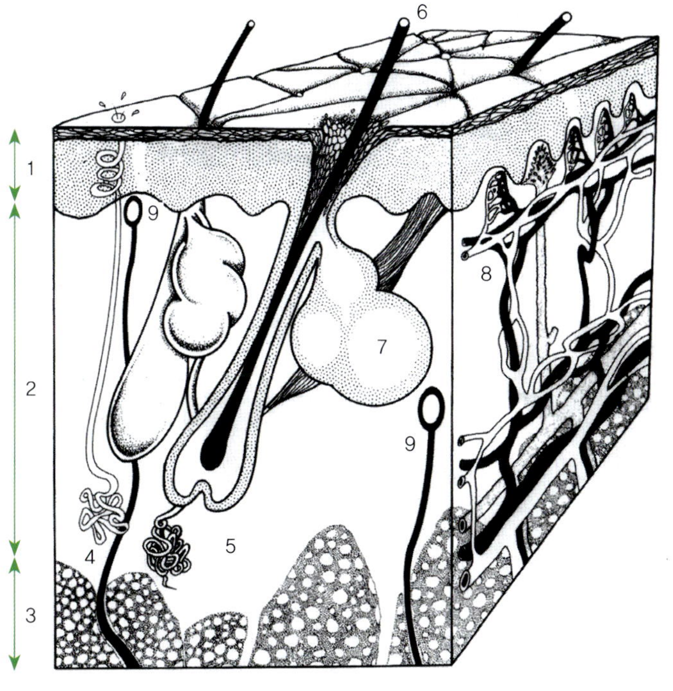

그림 1 피부의 구조

1. 표피(Epidermis)
2. 진피(Dermis)
3. 피하조직(Subcutaneous tissue)
4. 에크린 땀샘(Eccrine gland)
5. 아포크린 땀샘(Apocrine gland)
6. 체모(Hair)
7. 피지선(Sebaceous gland)
8. 표재성 혈관총(Superficial vessel plexus)
9. 신경(Nerve)

Memo

Memo

1) 표피(epidermis)

피부의 최외층으로 각질층, 투명층, 과립층, 유극층, 기저층으로 구분된다.

① 각질층(homy layer)

무핵층으로 10-20층으로 되어있으며 케라틴, 지질, 천연보습인자등이 구성성분이다. 지질은 수분증발을 방지하여 외부로부터 피부를 보호하고, 천연보습인자(NMF)는 각질층의 수분함량을 10-15%로 적당히 조절한다.

세포분열시 각화현상이 일어나 피부표면에 가까울수록 세포간의 접착력이 떨어져 간격이 생기면서 매일 죽은 세포는 떨어지게 된다. 이세포는 납작하여 비늘모양으로 비늘층이라고도 하고 제대로 탈락되지 않음으로써 피부생리에 해가 되기도 한다.

② 투명층(clear layer)

2-3층의 무핵의 작고 투명한 세포로 빛을 차단하며 주로 손바닥과 발바닥에 존재한다.

③ 과립층(granulsr layer)

알갱이 모양으로 과립층이라 불리며 각화세포의 무핵화가 일어나는 곳이며 내외부로 차단시키는 역할을 하는 보호막(barrier zone)을 형성하고 있어 미용층이라고도 한다. 빛을 반사시켜 피부를 맑아 보이게 한다. 수분상실에 대한 장벽기능과 각질세포의 결합기능을 가지고 있다.

④ 유극층(spinous layer)

표피층중 가장 두꺼운 층으로 세포들은 다각형의 유핵 극상세포의 가시모양으로 연결되어 가시층이라고도 한다. 기저층을 통하여 들어온 림프액이 순환하고 있어 미용층이라고도 한다.

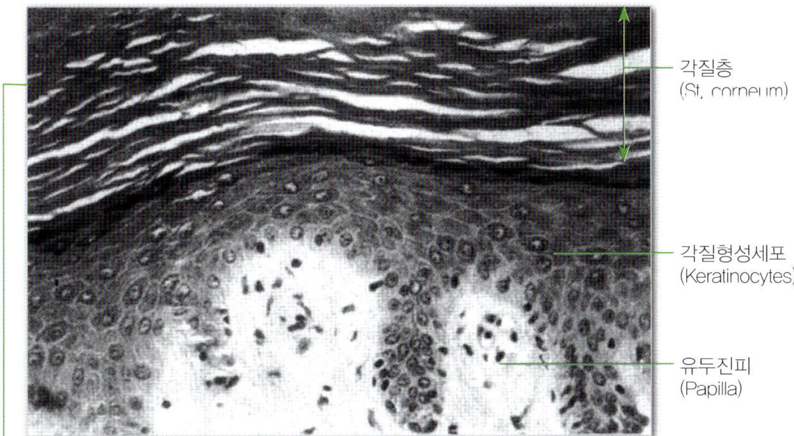

A: 저배율 현미경으로 본 표피층

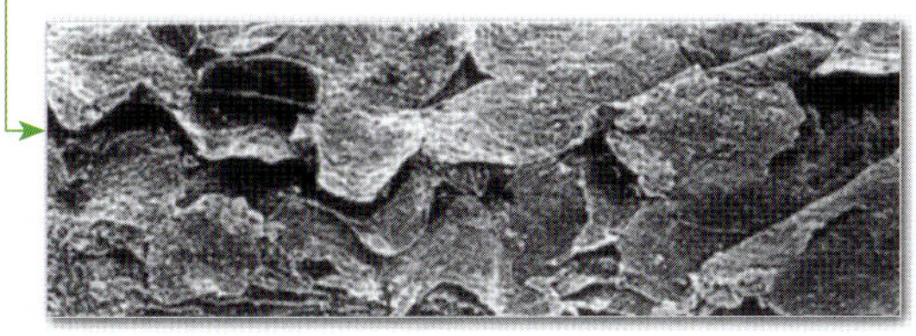

B: 각질층 표면의 전자현미경 사진

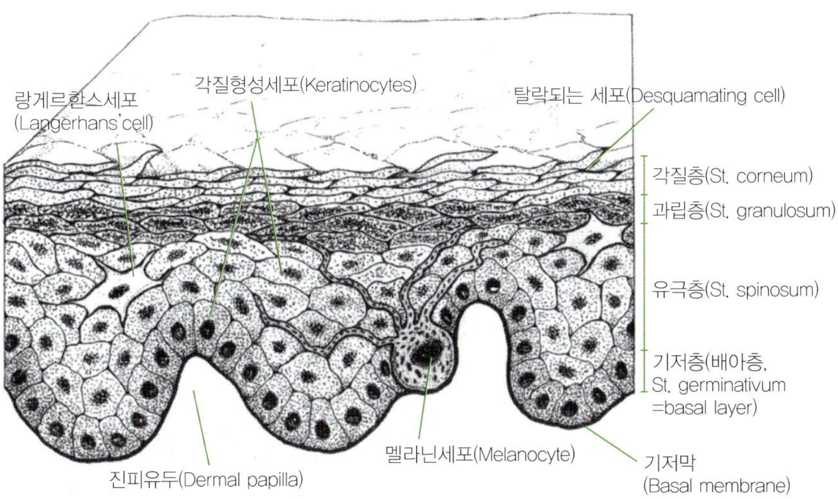

C: 현미경으로 본 표피층 모식도

그림 2 표피층을 구성하는 세포

Memo

Memo

⑤ 기처층(basal layer)

표피의 맨 아래층으로 진피와 맞닿아있고 각질형성세포와 색소세포분열이 활발한 곳이다.

⑥ 표피에 있는 세포들

a) 케라티노사이트
b) 멜라노사이트
c) 메켈셀
d) 랑거한스셀

2) 진피(dermis)

진피층은 조밀한 결합조직인 섬유조직으로 구성되어 있고 피부의 90%이상을 차지하고 혈관, 림프관, 신경, 모발조직, 한선이 있으며 피부의 탄력을 유지시켜 준다. 진피는 다시 유두층과 망상층으로 나누어진다.

① 유두층(papillary layer)

진피의 10-20%로 세포분열이 불규칙적인 섬유결합조직으로 경계가 불분명한 것이 특징이다. 모세혈관, 림프관, 신경조직이 있으며 피부가 노화 될수록 유두 돌기가 편평하게 변하고 표피에 영양공급과 노폐물을 배출한다.

② 망상층(reticula layer)

그물모양을 형성하고 있고 진피층의 대부분을 차지하며 혈관, 피지선, 한선, 신경 등이 분포되어 있으며 교원섬유(collaen fiber)와 탄력섬유(elastic fiber)가 있어 피부를 탄력을 유지시킨다.

a) 교원섬유(collaen fiber)

콜라겐은 진피성분의 90%를 차지하며 피부에 장력을 제공하고 외부의 영향에서 신체내부를 보호하는 데 큰 역할을 한다.

그림 3 진피의 구성성분

b) 탄력섬유(elastic fiber)

진피성분중 일부를 차지하나 변형된 모습이 원래대로 돌아오도록 하는 탄력성과 신축성이 있다.

c) 기질(ground substance)

교원섬유와 탄력섬유 사이를 채우고 있는 물질로 수분저장 기능이 있으며 나이가 들어감에 따라 점차 감소되고 피부노화를 초래하게 된다.

3) 피하지방

피하지방은 지방세포로 되어있어 탄력성이 매우 좋다. 충격흡수와 근육보호, 체온방지역할을 한다. 남자보다 여자에게 많고 여성호르몬과 관계가 많다.

Memo

Memo

2 피부의 기능

피부는 보호작용, 흡수, 배설, 호흡, 지각, 체온조절작용 등의 기능을 가지고 있다.

1) 보호의 기능
2) 흡수의 기능
3) 호흡 및 분비 배설의 기능
4) 감각의 기능
5) 체온 조절의 기능
6) 영양소 저장의 기능

3 두개골의 뼈

두개골의 28개 뼈들은 두 개의 주요 부분을 형성한다. 안면과 두개골이다.

안면골: 14개
두개골: 8개(두개골의 뼈들은 4개의 개별 뼈와 2쌍 그 기능에 놀랄만큼 잘 맞으며, 뇌를 위한 안쪽의 바닥을 제공하고 그 위에 헬멧 같은 보호체를 구성한다)
이소골: 6개(추골, 침골, 등골로 구성된 소형 소리 전달체를 형성한다.)

태어날 때, 천골의 뼈들은 완전히 하나가 아니다. 두피의 앞과 뒤에 있는 정문(fontanelles)으로 알려진 공간들은 매우 중요하다. 이것은 아기의 머리를 다룰 때 굉장히 주의해야 한다는 뜻이다. 이 정문들은 일반적으로 아기가 1세 반이 되면 닫힌다.

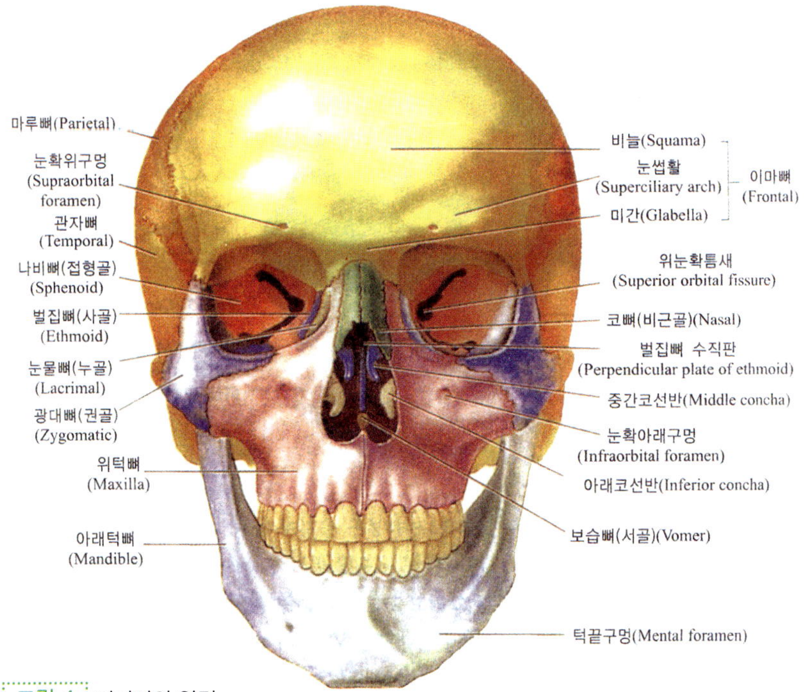

그림 4 머리뼈의 앞면

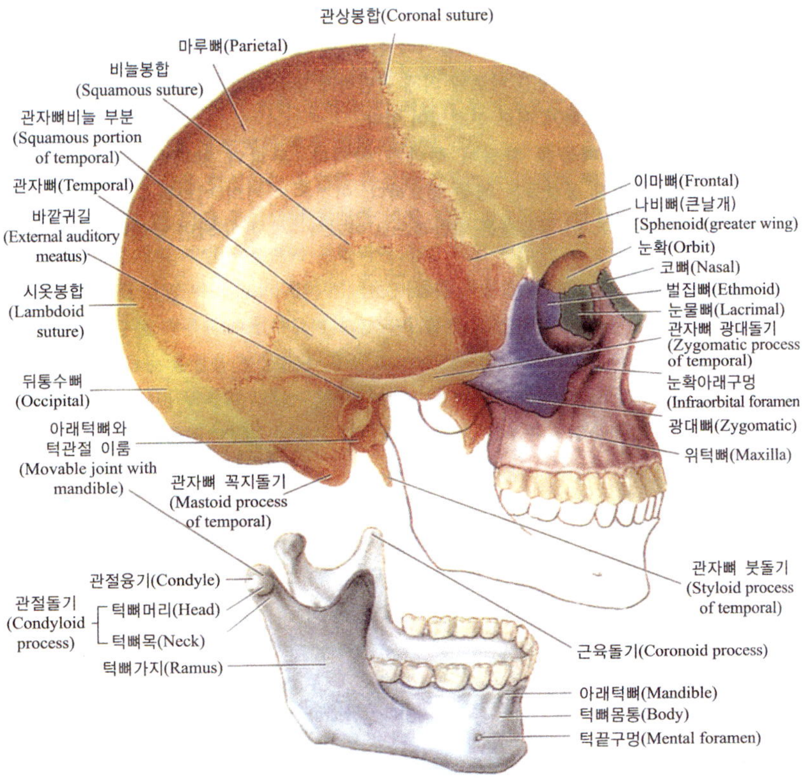

그림 5 머리뼈의 옆면

Memo

Memo

1) 두개골

다음의 뼈들은 두개골을 이룬다.

① 전두골

이마, 안구의 천장 대부분 그리고 2개 판의 앞쪽 부분을 형성한다. 관상봉합에 의해 뒤쪽 부분이 정수리뼈의 앞쪽에 결합된다.

② 접형골

두 개 판의 중앙 부분을 구성하며, 종석과 같은 역할을 하고 다른 두개골들을 서로 붙들어 준다. 이것은 코와 인후의 뒤쪽과 약간 위쪽에 자리하며 2개 판의 일부와 안구의 측면 벽을 형성한다.

③ 정수리뼈

두개골의 양 측면에 한 쌍의 뼈가 위치해 있고 측막봉합에 의해 정수리에 붙어 있다. 이 뼈들은 2개의 구멍의 천장과 측면을 형성한다.

④ 후두골

두개골의 하단에 위치하며, 이 뼈는 2개 판과 벽의 뒤쪽 부분을 형성한다.

⑤ 사골

접형골의 앞쪽과 비골 뒤쪽의 안구 사이에 위치하며, 사골은 비강의 천장, 안구의 측벽, 그리고 2개 판의 전면 부분을 형성한다.

⑥ 측두골

머리의 양측면에 위치한 한 쌍의 뼈로서, 이들은 천골의 하단과 2개 판의 일부를 형성한다. 여기에는 귀의 구조가 포함된다.

광대뼈와 턱뼈가 측두골에 연결된 각은 작은 보호되지 않는 부위를 만든다. 이것은 귀 윗부분이 머리와 만나는 점 바로 위에 움푹 들어간 곳으로 느낄 수 있다. 이 부위는 손상을 입을 수 있는 부위이며 마사지를 하는 동안 피해야 하는 부위이다.

두 개의 공동은 후두골의 하단에 큰 소공(foramen magnum)이라고 하는 큰 입구를 갖고 있다. 이 입구를 통해, 척수가 두개골로 들어간다. 경추(환추) 꼭대기는 이 입구 바로 밑에 위치한다. 두개골과 환추가 다음 척추(추)와 결합하는 곳으로, 하나의 관절이 머리를 옆으로 위로 아래로 움직일 수 있게 한다.

Memo

Report

1. 두피의 역할 및 기능은 무엇인가?

2. 표피의 구조는 어떻게 이루어져 있는가?

3. 진피의 구조는 어떻게 이루어져 있는가?

4. 피하지방의 역할 및 기능은 무엇인가?

5. 두개골의 뼈는 무엇 무엇으로 이루어져있는가?

6. 두피구조도를 그려보고 각 부위별 기능을 익히자.

Chapter II

모발의 생리

1 모발의 발생

수정란은 세포분열을 통해 초기의 배아를 형성하고 보다 복잡한 낭배를 만든다. 낭배가 되면 세포들은 분화를 보이기 시작 하면서 배아의 형태가 나타나기 시작한다.

외배엽, 중배엽, 내배엽을 만들게 되고 각각의 배엽은 여러조직과 기관으로 분화를 계속하면서 생장이 계속된다.

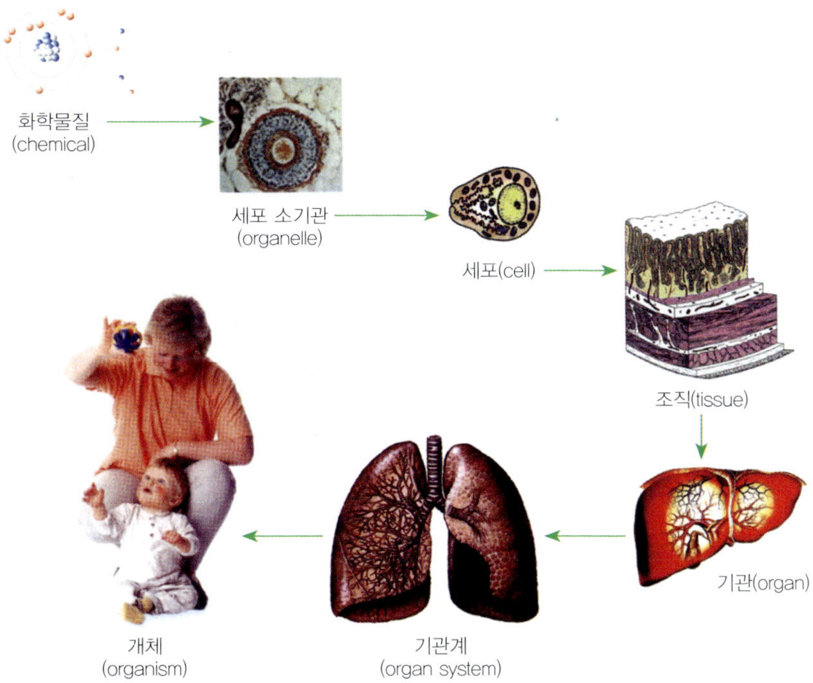

그림 6 인체 구성의 7단계

Memo

Memo

모발은 태생기에 표피의 함몰로 모낭이 형성되기 시작한다.

전모아기, 모아기, 모항기, 모구성 모항기, 완성모낭으로 나뉘어진다.

① 전모아기

태생초기 표피의 노망형성 이전의 시기.

② 모아기

배아층의 중간층 세포가 진피속으로 함몰되는 시기.

③ 모항기

모아가 기중모양으로 진피 내에 깊숙히 형성되는 시기.

④ 모구성 모항기

모낭기둥면에 피지선과 기모근의 근원부분이 부풀어 오고 모낭끝이 둥굴어지며 간엽성세포의 집단이 모유두의 형성을 예고하는 시기.

⑤ 완성된 모낭

조직의 분화로 비로소 모발을 만들어 낼 수 있는 성숙한 모낭을 완성 모낭이라 한다.

2 모발의 기능

모발은 피부에 형성된 조직으로 외부 환경으로 보호의 기능을 가진다.

① 보호기능
② 감각기능

③ 배출의 기능
④ 장식적 의미의 기능

Memo

3 모발의 싸이클

모발의 싸이클은 성장기, 퇴행기, 휴지기, 탈락기로 나눌 수 있다.

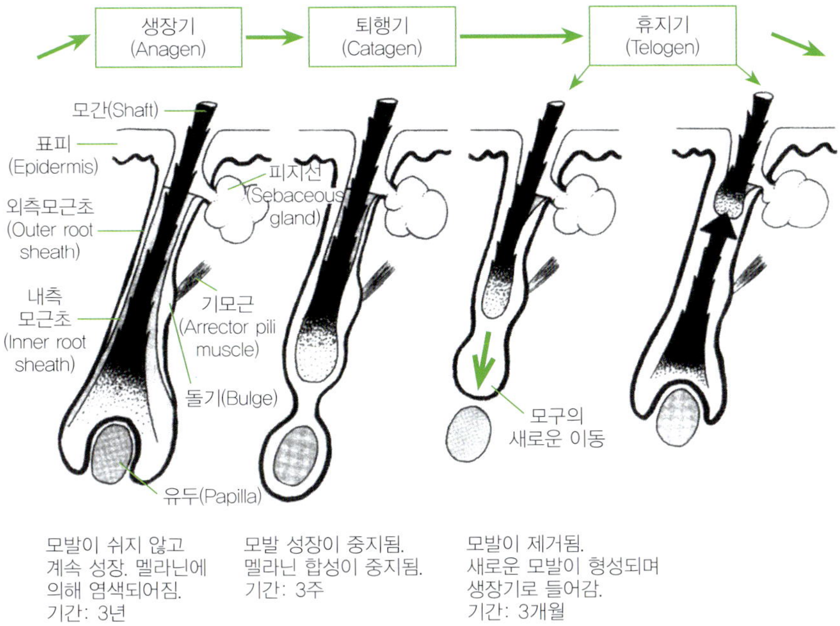

그림 7 모발의 생장주기

1) 성장기(anagen)

모발이 성장 하는 시기로 전체모발의 85%정도 차지하고 2-7년 (평균5년) 정도이다.

Memo

2) 퇴행기(catagen)

성장기가 끝나고 세포분열과 대사과정이 서서히 느려지고 멈춰지는 시기로 이 단계에서케라틴을 만들어내지 않으며 이 시기는 3-4주 정도이다.

3) 휴지기(telogen)

모유두가 위축되고 모낭은 모근 윗쪽으로 밀려 올라가는 시기로 쉽게 빠지는 편이다.

전체 모발의 15%정도 이며 3-4개월 정도이다.

4) 탈락기(exogen)

보통의 모발은 휴지기에서 바로 빠지는 것이 아니라 그 다음 성장기가 지나갈 때까지 빠지지 않는 경우가 많고 경우에 따라서는 한 주기가 지나도록 붙어있는 경우가 있다.

모발의 주기

일반적으로 동물의 모발은 동시성(synchronous)이고 사람의 모발은 mosaic하다는 것은 과거 개념이다. 많은 동물의 경우 생후 첫2주기 정도는 동시성을 나타내나 그 이후는 모자이크(mosaic)양상을 점점 띠게 된다는 것이 최근 변경된 개념이다.

사람의 경우는 출생전과 출생 직후에 동시성을 띠나 그 이후에는 모자이크 양성을 띠게 된다.

4 모발의 부속기관

1) 손, 발톱

표피의 경케라틴으로 형성된 손, 발톱은 각질층이 변형된 얇은 판즉, 각질판으로 되어있으며 기저층과 유극층으로만 되어있다.

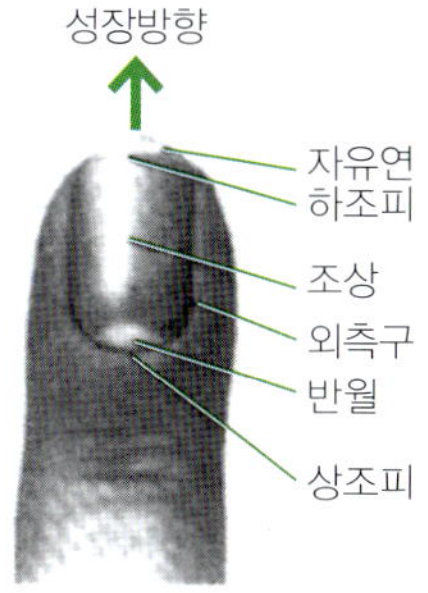

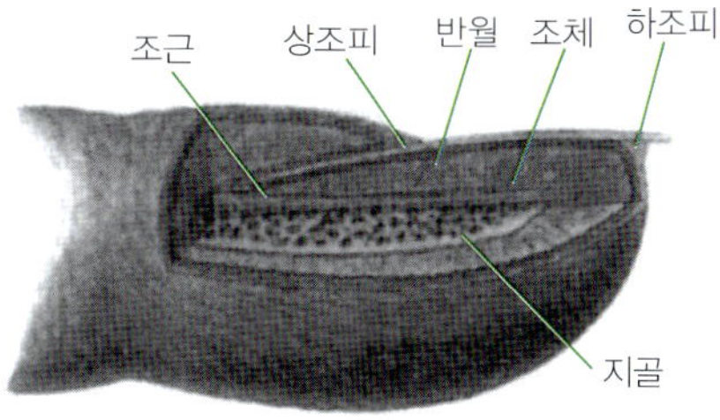

그림 8 손톱의 구조

2) 땀샘(한선)

신체체온조절과 노폐물과 독소배출의 기능을 하며 에크린선과 아포크린선으로 나뉜다.

① 에크린선(소한선: eccrine gland)

전신에 있으며 특히 손, 발에 많다. 자율신경계의 지배를 받는다.

체온조절

노폐물배출

② 아포크린선(대한선: appocrine gland)

모낭에 부착된 코일형 구조이며 피지선의 통해 분비되며 겨드랑이, 생식기주변, 유두 주변에 있으며 성분중 지방산과 유기물질을 배출한 후 산화 되면 불쾌한 냄새가 난다. 성호르몬의 영향을 받는다.

Memo

Memo

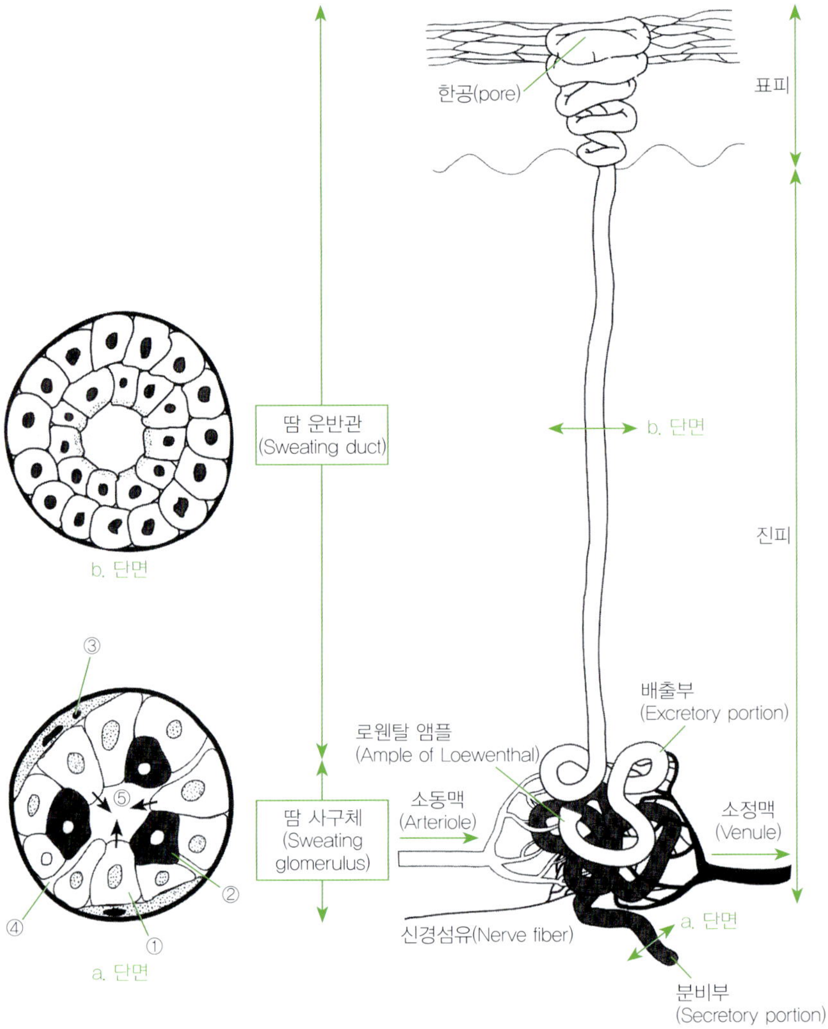

그림 9 에크린 땀샘

a.단면: ①투명세포(Clear cell) ②어두운 세포(Dark cell) ③근육상피세포(Myoepithelial cell) ④세포간 소도관(Intercellular canaliculi) ⑤내강(Lumen)
b.단면: 땀 운반관의 단면

③ 피지선

모낭 중간에 연결되어 있으며 모발이 밀려 나올 때 분지가 분비되면서 모발의 코팅막을 형성 한다. 손, 발을 제외한 모든 부위에 분포하며 특히 얼굴과 두부에는 팔, 다리보다 피지선이 크고 그 수도 8배 정도 많으며 피지선은 남성호르몬의 지배를 받는다.

5 모발의 구조

모발의 구조는 피부의 진피층에서 거의 이루어지고 있으며 모근과 모간으로 나눈다.

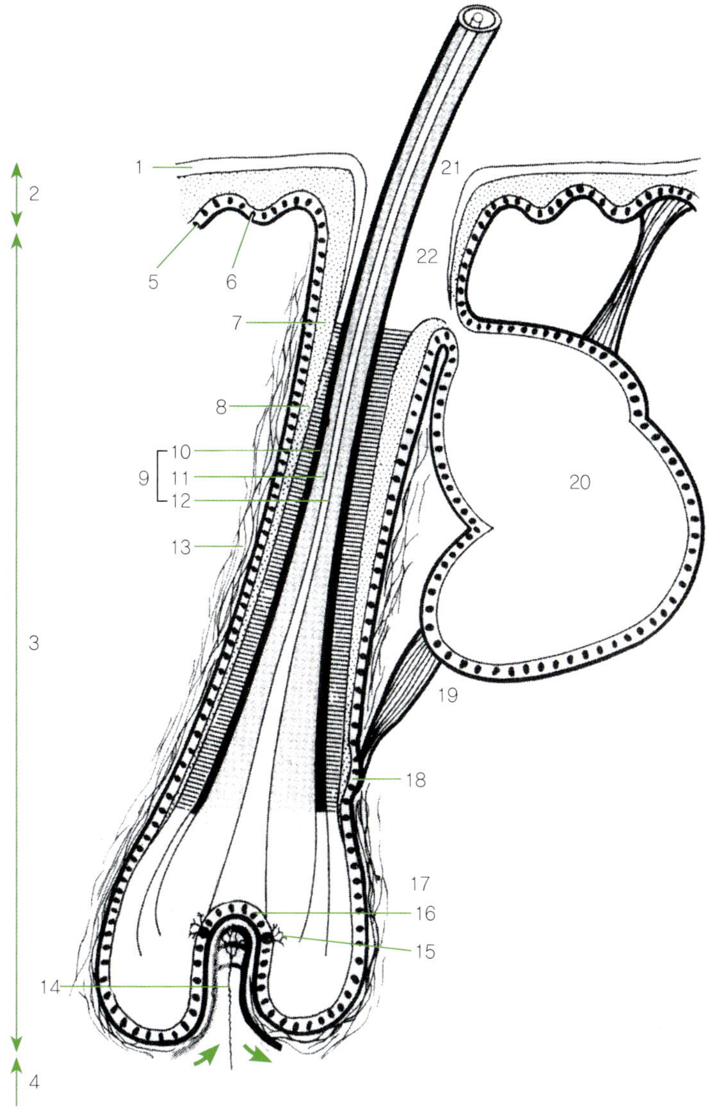

그림 10 모낭구조의 단면도

1. 각질층	6. 기저막	11. 피질	16. 모기질	21. 모피지공
2. 표피	7. 외측모근초	12. 수질	17. 각질화층	22. 협부
3. 진피	8. 내측모근초	13. 섬유근초	18. 돌기	
4. 피하조직	9. 모간	14. 모유두	19. 기모근	
5. 기저층	10. 모간소피	15. 멜라닌세포	20. 피지선	

Memo

1) 모근

모근은 모누두부, 협부 모낭하부로 구분된다.

① 모누두부

각질층에서부터 피지선 위부분까지를 말한다.

② 협부

피지선 아래에서 입모근 위부분까지를 말한다.

③ 모낭하부

입모근아래서부터 모근부 아래까지를 말한다. 세포분열이 일어나는 곳이기도 하다.

④ 피지선

피지선은 포도송이 모양으로 모공부위와 연결되어 피지를 분비한다. 두피에 피지막을 형성하여 땀과 같이 해서 pH5.5정도의 약산성을 유지, 외부로부터 보호하는 역할을 한다.

피부와 모발의 피지문제는 남성호르몬의 영향을 가장 크게 받는다.

⑤ 입모근

자신의 의지와 상관없는 불수의근으로 피지선 아래부위에서 추위, 공포시 털을 세우는 역할을 하며 털세움근이라고도 한다.

⑥ 모구부

모근 아래 형태가 전구모양으로 볼록하다. 모구부는 모발발생에 필요한 영양분을 혈고나으로부터 공급받는 모유두와 영양분을 원료로 세포분열을 통하여 모발을 생성하는 모모세포로 구성되어진다.

⑦ 모유두

모낭아래부분에 있으며 모세혈관과 자율신경계통이 존재하며 모세혈관으로부터 영양공급을 받아 모모세포에 전달하는 역할을 한다. 모유듀의 손상은 모발이 더이상 발생치 않음을 예고한다.

⑧ 모모세포

모구부 중간에 위치하며 모유두로부터 영양을 공급받아 왕성한 세포분열로 색소세포와 각질세포를 만들어낸다.

⑨ 모낭

주머니모양으로 생겼다하여 모낭이라 하며 모발을 지지, 보호하는 역할을 한다. 내모근초, 외모근초로 둘러쌓여있으며 모발을 뽑아보면 모발끝 흰 젤리형태의 물질은 결국 내모근초의 일부이다. 이를 뿌리덮게(root sheet)라 하기도 한다.

⑩ 자율신경

모세혈관과 함께 모유두 주변에 존재하고 있는 자율신경은 모발성장에 있어 모유두로부터 공급받은 영양분을 모모세포가 세포분열을 통하여 모발을 만들 수 있도록 명령전달하는 역할을 하고 있다.

⑪ 모세혈관

모발의 모세혈관은 산소와 각종영양분을 모유두에 전달, 물질 교환을 한다.

⑫ 한선

한선은 땀을 통해 노폐물 배출 한다. 소한선과 대한선으로 나눈다.

a. 소한선(에크린선: ecrin gland)

- 몸전체에 분포되어 있다.
- 모공과 분리된 독립적인 한선이다.

Memo

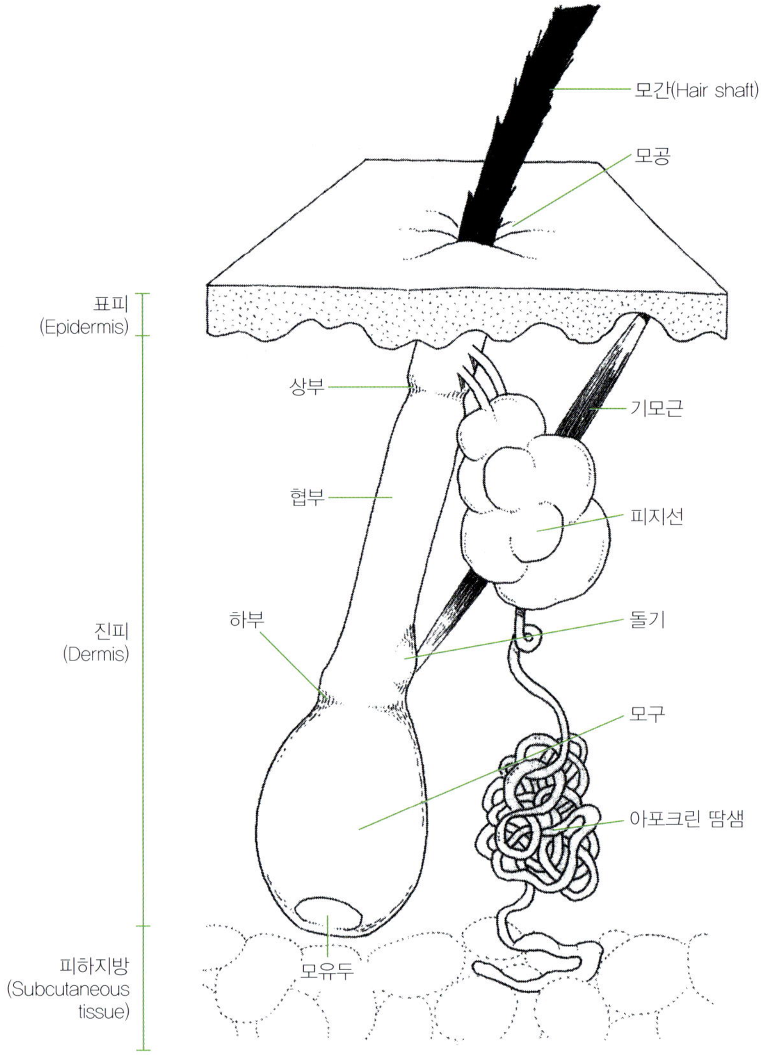

그림 11 모낭과 모발의 구조

- 99%수분과 Ka, Cl, I, Ca, P, Fe등으로 구성되어 있다.
- 혈액과 더불어 신체 체온 조절을 한다.
- 운동이나 온도에 민감하다.

b. 대한선(아포크린선: apocrin gland)

- 분비 전에는 무색 무취이나 분비 후 공기와 만나 산화되어 악취, 유색을 가진다.
- 겨드라이, 생식기 주위, 유두 주위에 분포 되어 있다.
- 감정이 변화 될 때 작용이 활발하다

2) 모간

표피 밖으로 나온 부분으로 외부환경으로부터 직접적인 자극에 영향을 받는 곳이다.

모표피, 모피질, 모수질로 나뉜다.

① 모표피(cuticle)

모발의 최외측 부분으로 한가닥의 모발에서 10-15%정도를 차지하고 고기 비늘모양으로 겹쳐져있으며 6-7겹으로 되어있다. 화학약품에 강하며 친수성을 띤다.

모표피는 다시 에피, 엑소, 엔도 큐티클로 구분되어진다.

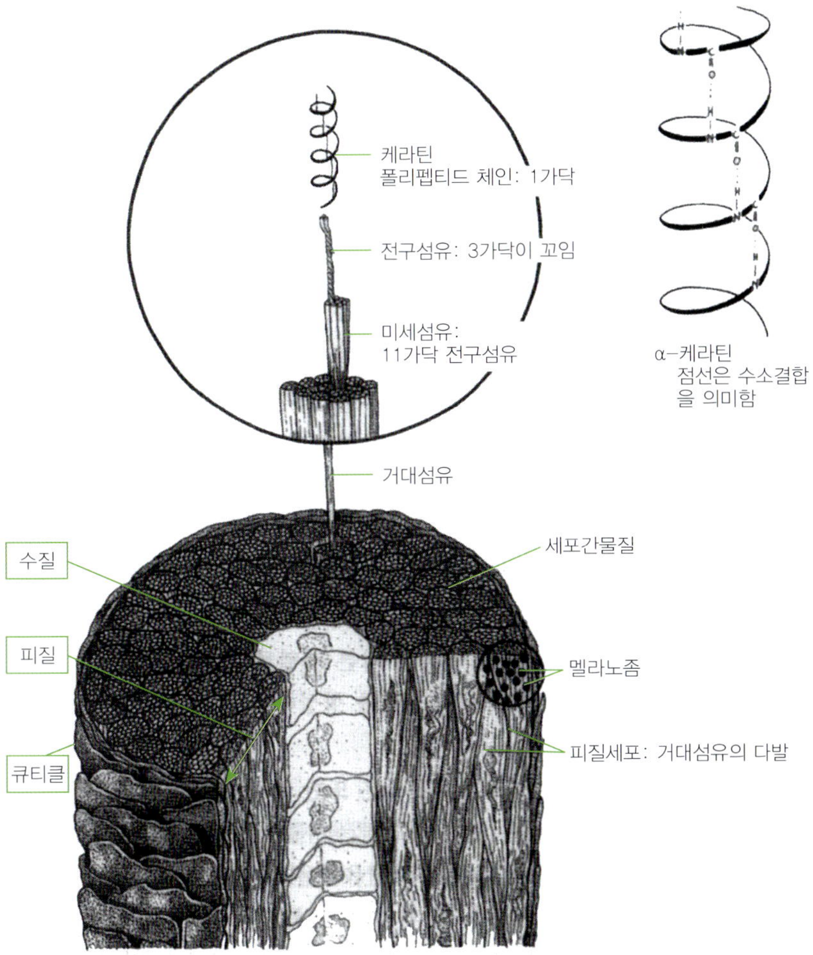

그림 12 모발의 상세구조

Memo

a. 에피큐티클(epi cuticle)

모표피 최외측에 존재, 외부로부터 1차적으로 자극을 받으며 물리적 자극에는 약하나 화학 약품에는 강한 부분이다. 친유성을 띤다.

b. 엑소큐티클(exo cuticle)

알카릴성 약품에 중간적인 성질을 지니고 불안정한층, 펌, 염모제 등의 약품에 작극받기 쉬운층이다.

c. 엔도 큐티클(ando cuticle)

표피중 가장 아쪽에 해당하는 층으로 피질과 맞닿아 있고 친수성이며 알칼리에 약한 부분이기도 하다. 세포막체인 CMC(cell memberrance complex)가 존재하고 있어 인접한 표피를 밀착시키는 역할을 한다.

② 모피질(cortex)

모피질은 모발전체의 80-90%를 차지하며 모발의 탄력, 강도, 모발의 색, 모질 등을 결정짓는 중요한 역할을 한다.

a. 결정영역(피질세포)

긴 폴리펩타이드가 규칙적으로 배열된 섬유다발이 안정적으로 결합되어 화학반응에 강한 저항력을 지닌다.

참고

···› **매크로피브릴(macro fibril)**
여러개의 마이크로 피브릴이 모여 중간층 물질에 접착되어 있으며 염색과 관련된 멜라닌 알갱이를 둘러싸고있다.

···› **마이크로피브릴(micro fibril)**
마이크로피브릴의 섬유질은 5-11개의 프로토피브릴의 결집으로 이루어진다.

···› **프로토피브릴(proto fibril)**
2-3개의 폴리펩타이드가 모여 꼬인 타래의 형태를 가지며 나선형으로 되어있다.

···› **폴리펩타이드(poly peptide chains)**
펩타이드결합, 시스틴결합, 이온결합, 수소결합을 가지고 있다.

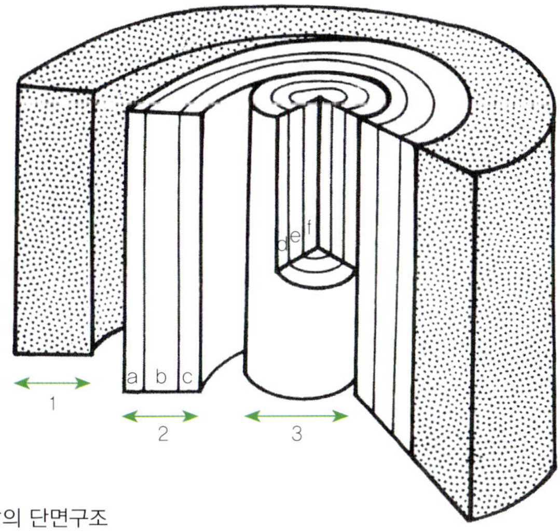

그림 13 모발의 단면구조

1. 외측모근초

2. 내측모근초
a. 헨레층
b. 헉슬리층
c. 모근초소피

3. 모간
d. 모간소피
e. 피질
f. 수질

b. 비결정영역(세포간 결합물질, 간충물질)

결정영역에 비해 짧은 폴리펩타이드 연결이 코일 형태로 불규칙적으로 결합되어 있다.

간충물질은 외부자극 및 화학반응으로 손상받거나 외부로 유출되어 모질의 손상 원인이 된다.

③ 모수질(medulla)

모발 중심에 있으며 비어있으며 정확한 역할은 규명되어있지 않지만 공기층으로 보온에 관여하는 것 같다. 가는 모발에는 모수질이 없다.

6 모발의 종류

모발은 굵기와 형태, 영양상태, 호르몬, 자라는 위치, 모낭의 형태 등에 따라 다양하게 나누어진다.

Memo

1) 굵기에 따른 분류

굵기 및 발생시기에 에 따라 취모, 연모, 경모로 나뉜다.

① 취모

0.05mm이하의 가는 모발로 태아시기에 만들어지는 모발로 가늘고 연하다.

② 연모

출생을 전후 하여 취모가 빠지고 나오는 모발로 소아기의 털이 대부분 연모형태이다.

③ 경모

사춘기 이후 호르몬의 영향으로 굵게 변화하는데 이때부터 경모가 된다.두발, 수염, 음모등의 털처럼 굵기가 일반적으로 0.15-0.2mm 정도이다.

그러나 40세이후 다시 연모화 된다.

2) 모낭 형태에 따른 분류

모낭 형태에 따라 직모, 파생모, 축모로 구분된다.

① 직모(straight hair)

모발의 단면이 원형을 띠며 모수질이 중간에 있고 세포분열이 균일하여 곧은 모리모양이며 동양인에서 주로 볼수 있다.

② 파생모(cury hair, wave hair)

모발단면이 약간 납작하며 세포분열이 좌,우 다르므로 곱슬머리가 된다. 유럽인의 모발 형태이다.

③ 축모(kinky hair)

모발단면이 파생모보다 납작하고 심한 곱슬머리즉, 흑인의 머리카락에서 볼 수 있다.

Memo

7 모발의 구성성분

모발은 케라틴이라고하는 각화된 단백질을 주성분으로 구성되어 있으며 피부는 연케라틴으로, 손톱, 발톱,모발은 경케라틴으로 되어 있다. 그 밖에 멜라닌, 지질, 수분미량원소로 구성되어 있다.

1) 케라틴

모발을 구성하고 있는 기본물질인 케라틴은 경단백질로 18종의 아미노산으로 구성되어있으며 특히 시스틴(14-18%)를 다량 함유하고 있다.

아미노산은 탄소50%, 수소6%, 산소22%, 질소17%, 황5% 등의 원소들로 배열되어진 큰 분자들로 구성되어 있다.

2) 지질

모발의 지질에는 피부와 마찬가지로 피지선에서 분비된 피지와 함께 모피질세포 자신이 가지고 있는 지질을 함유하고 있다. 모발에서 친유성 부분은 모표피 외측으로 개인차가 있다.

땀과 모낭 중의 성분과 혼합되어 약산성막을 형성한다. (pH4.5-5.5)

Memo

3) 미량원소

모발을 구성하는 성분에는 탄소, 수소, 산소, 질소, 황의 기본 요소 외에도 모발의 색소 구성에 있어 미량으로 포함되어 있는 금속의 종류에 따라서도 다르게 된다고 한다.

모발의 미량원소 중에 모발용 화장품과 수돗물 등에 통상 함유되어 있는 칼슘, 마그네슘, 나트륨, 칼륨 등은 외부에서의 축적이 많은 성분이라 생각된다. 따라서 미량원소의 종류와 양은 외부에서의 흡착에 의한 것인지 체내에서의 축적에 의한 것인지 혹은 모모세포의 분열증식의 불가분의 성분으로 필연적으로 존재 하는 것인지 엄밀하게 구별하는 것은 불가능 하다고 생각된다.

4) 수분

모발중의 수분은 강더, 정전기의 양 등 모발의 기계적인 성질과 미용상의 특성에 영향을 준다. 모발의 손상도가 크면 수분 보유력이 약화되어 모발내부의 수분 함유량이 적게 되며 건조성 모발은 정상 모발에 비해 흡수량도 크다.

보통 모발 수분 함유량은 10%정도이나 날씨, 주변 환경에따라 다르다고 할 수 있다.

8 모발의 색

모발의 색은 크게 유멜라닌과 페오멜라닌 두가지로 나눈다.

1) 유멜라닌(eumalinin)

흑색에서 적갈색까지의 어두운 색– 동양인계열의 색

멜라닌색소의 입자가 크서 알갱이 형태

2) 페오멜라닌(pheomelanin)

적색에서 누랑색까지 밝은새계통−서양인게열의 색
멜라닌색소 입자가 작아 분사형 형태

9 모발의 특성

1) 모발의 흡습성

모발은 친수성을 갖고 있기 때문에 수분을 흡수하는 성질이 크고 보통 상태의 공기중에서 10−15%의 수분을 포함하고 있다. 샴푸 직후에는 약30%, 건조후 10%전후의 수분을 가지고 있다.

2) 모발의 팽윤성

어떤 물체가 액체를 흡수하여 그 본질을 변화하지 않고 체적을 늘이는 현상을 팽윤이라고 한다. 모발을 적셔두면 길이가 1−2% 길어지고, 두께는 12−15%정도 두꺼워지며, 중량은 30−40%증가한다.

3) 모발의 대전성

모발의 정전기 현상 즉, 전극성을 말한다.

4) 모발의 강도

모발을 당겼을 때 끊어지는 정도를 말하며 모발의 굵기, 손상정도, 영양상태, 수분함량 정도 등에 따라 차이를 보인다.

Memo

Memo

5) 모발의 탄성도

모발에 일정한 힘을 가했을 때 늘어났다가 제자리로 돌아오는 것을 말하며 모발내 수분함유량이나 손상도 차이에 따라 다르다.

6) 모발의 다공성

모발내부에 존재하는 공기층이 수분을 흡수하는 성질로 모발 손상도, 모방ㄹ의 영양상태, 물에 대한 친수성 등에 따라 차이를 보이는데 다공성모일수록 흡습력이 높다.

7) 모발의 밀도

일정 넓이에 차지하고 있는 모발의 성김 정도를 말하는데 인종에 따라 밀도가 달라진다.

8) 모발의 고착력

한가닥의 머리카락을 모근으로 부터 뽑아내는데 필요한 힘을 말하며 성장기의 모근인 경우 50g의 힘이, 휴지기모는 20g정도의 힘이 필요하다.

9) 모발과 pH(The Power of Hydrogen Ions)

일반적으로 pH는 산성과 알카리성의 정도를 나타내는 수치로 사용되며 0에서 14까지로 구분하는데 7을 중심으로 그 이하를 산성, 이상을 알카리성으로 표현한다.

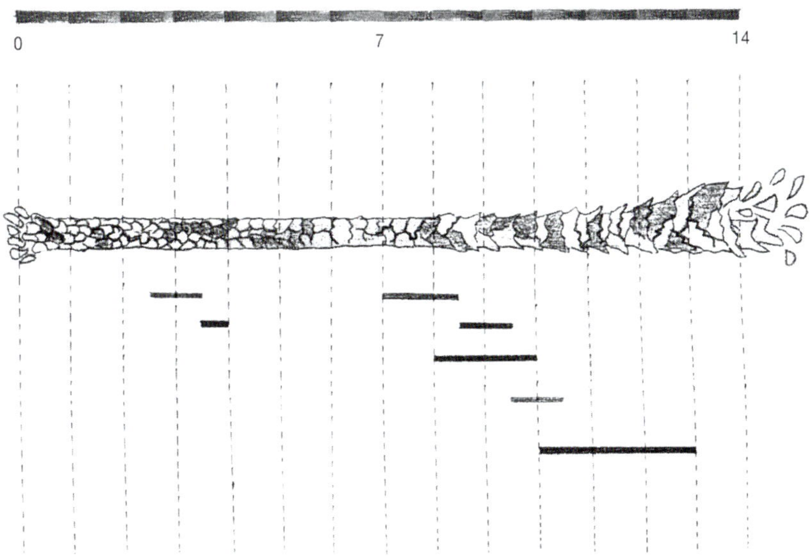

과산화수소 3.5–4　　린스 2.5–3.5
콜드퍼로션 8.5–9.5　　샴푸 7–8.5
브리짓제 9.5–10.5　　염모제 8–10
스트레이트크림 10–13

그림 14 모발과 헤어 제품의 pH

10 모발에 따른 일반적인 관리

1) 가늘고 힘이 없는 모발

선천적으로 머리카락이 약하고 힘이 없는 상태이거나 손상되기 쉬운 모발로, 가늘고 정전기가 잘 생기면 서로 엉키기도 쉽다.

① 수분유지, 단백질과 유분공급, 일상적인 트리트먼트 시술을 해준다. 단, 화학적 시술은 삼간다.
② 모표피가 약하기 때문에 드라이시 헤어로숀을 모발에 도포한 후 약한 바람으로 건조한다.
③ 축 처지고 힘없는 머리는 모근부터 말린다.
④ 볼륨있게 머리를 말리고 싶은 경우는 거꾸로 머리를 뒤집은 다음 건조한다.

Memo

⑤ 자외선으로부터 멜라닌의 분해가 쉽기 때문에 외출시 자외선 차단제가 함유된 에센스를 사용한다.

2) 굵고 뻣뻣한 모발

① 큐티클 간격이 좁고 비늘층이 두꺼워 쉽게 손상되지 않는다. 단백질이 풍부하고 튼튼한 모발이므로 일상적인 보습효과를 주는 것이 포인트다.
② 모발에 수분이 30%정도 남아 있을때 바람의 방향을 위에서 아래로 건조시키면 모발이 차분하고 윤기 있어 보인다.

3) 곱슬머리

① 원래 모발이 부스스하게 일어나거나 모발끝이 잘 뻗친다.
② 매일 트리트먼트를 사용하여 모발에 수분을 주는 관리한다.

4) 끈적이고 기름진 머리

① 자주 감는 것은 좋으나 잘못하면 두피나 모발에 더욱 자극을 주어 피지가 더 왕성할 수 있다.
② 따라서 자주 샴푸를 하더라도 부드럽게 하여 두피에 최대로 자극이 가지 않게 하며 여러번 헹구어 깨끗이 씻어낸다. 마지막 헹굴때 찬물로 하는 것도 좋다.

5) 갈라지고 끊어지는 머리

① 과도한 화학 시술이 원인으로 가장 급선무는 더 손상이 가속화 되지 않게 영양공급에 중점을 두고 스타일링제도 모발에 흡수율이 좋은 에센스를 사용한다.
② 모발에 자극을 주지 않게 끝이 둥근 브러시나 빗살 간격이

Memo

넓은 빗으로 모발을 정리한다.
③ 손상이 심한 부분의 모발은 잘라 주는 것이 가장 좋다.

6) 일상의 모발관리

① 머리감기

매일 샴푸한다. 땀을 흘리고 난 뒤에도 꼭 샴푸를 한다. 샴푸의 빈도는 탈모율에 영향을 미치지 않는다. 단지 강하게 부드러운 자극이 중요하며 여러번 헹구어 내고 잘 말리는 것이 중요하다.

② 모발 건조

샴푸후 자연 건조나 낮은 헤어드라이어 열로 말린다. 타올로 거칠게 다루면 모발에 물리적인 손상을 일으킬 수 있으므로 조심스럽게 닦아낸다. 뜨거운 드라이어 바람은 모발에 손상을 입힐 수 있으며 극한 경우 끊어짐도 유발한다.

③ 빗과 브러시의 사용

빗과 브러시는 강하게 당기는 동작을 피하여 부드럽게 사용해야 하고 항상 두피로부터 바깥 쪽으로 움직여야 한다. 빗살은 가늘되 너무 날카롭지 않아야하며 소재로는 자연소재가 추천된다.

④ 자외선

강한 자외선은 모발의 색이 퇴색되기도 하고 모발을 거칠게 만들므로 모자 착용으로 모발을 보호한다.

11 이상모발

모발구조의 이상은 유전적 요인에 의한 모간의 이상, 후천적 요인에 의한 모간의 이상, 질병 등 몇가지로 나타 날 수가 있다.

Memo

Memo

1) 유전적요인

① 연주모(monilethrix, beaded hair)

연주모는 상염색체 우성으로 유전되는 선천성 질환으로 두피 모발이 볼록 나온 부분들이 마치 진주목걸이나 염주같아 염주모라고도 한다.

결절 부위에서 쉽게 모발이 부숴지며 유아 및 소아기에 현저하고 여름철이나 임신시 호전되는 경향이 있다. 두피뿐 아니라 눈썹, 음부, 액와부에도 침범할 수 있다.

사춘기에 자연적 호전되기도 하나 평생 지속될 수도 있다.

② 결절성 열모증(trichorrhexis nodosa)

모간에 불규칙한 간격으로 작은 백색결절들이 발생되며 결절들은 모피질이 부러져 많은 가닥으로 갈라져 끝이 솔의 끝모양으로 보인다.

주로 모발에 발생하나 음모 및 액와에서도 발생될 수 있고 선천성인 경우 전신에, 후천선인 경우에는 자학증상이 있는 정신질환, 소양감이 심한 피부질환에서 긁거나 털을 꼬는 물리적 원인과 화학적 물질들의 손상으로 발생하고 대사질환에서도 발생한다.

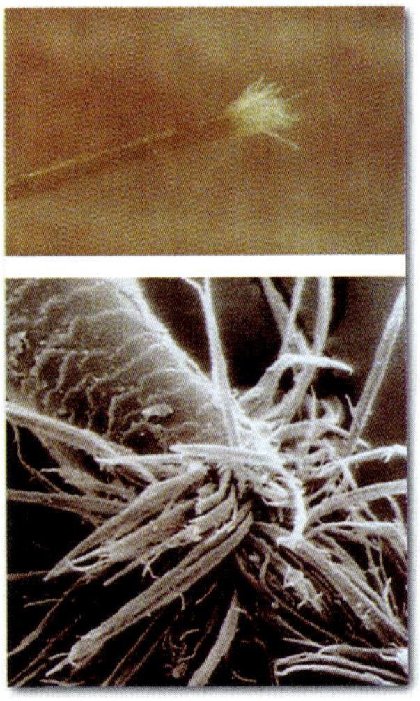

결절성 열모증

③ 염전모(pili torti)

모발이 장축에 따라 꼬인상태가 특징적이며 모간이 편평해지고 잘 부러지므로 부분적 탈모를 보인다. 선천성인 경우엔 상염색체 우성으로 유전되며 후천성인 경우엔 다른피부 및 전신이동을 동반한 여러 증후군과 연관되어 나타날 수 있다.

염전모

유아의 두피나 눈썹, 속눈썹에서 발생되며 모발은 장축에 따라 나사모양으로 꼬이며 편평하게 된다. 색이 옅은 부위와 진한 부분으로 나타나기 때문에 반짝이는 양상을 볼 수 있으며 임상적으로 부분직 딜모현상이 나타나며 모발은 짧고 부서지기 쉽다. 정신지체나 각막 혼탁, 손톱 기형등과 동반될 수 있다.

④ 함입성 열모증(trichorrhexis invaginata, bamboo hair)

각화를 시작하는 모낭의 부위에서 원위부의 털이 근위부의 탈로 함입되어 소켓같은 모양으로 중첩되어 결절이 생기며 대나무처럼 보인다. 유전성으로 모피질 내에서의 황화수소기가 황결합으로 치환되는 것이 결핍되어 모피질이 부드러워지고 부드러워진 모피질이 손상되어 함입된다. 여아에게서 잘 발생하며 잘부스러기도 하지만 사춘기이후 자연 치유되는 경우가 많다.

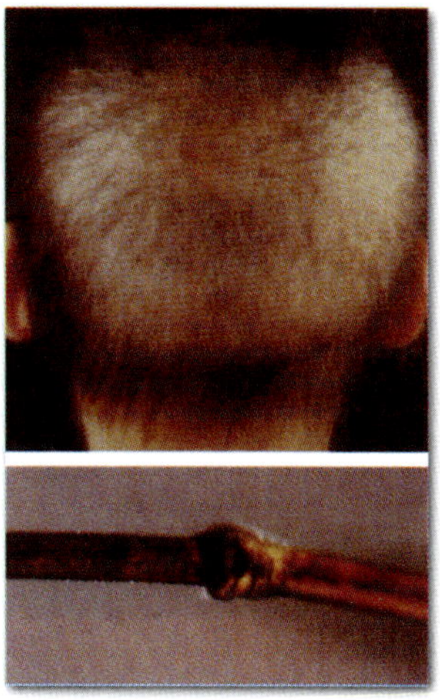

함일성 열모증

⑤ 황결핍 모발 이영양증(trichothiodystrophy)

황이 결핍으로 모발이 호랑이 꼬리 모양처럼 보인다. 상염색체열성으로 유전되며 황결핍에 의해 모발이 잘부스러지고 끊어진다.

⑥ 백륜모(pili annulati)

모간 피질의 각질 형성에 이상이 있어 모간의 직경은 일정하나 장축에 따라 불규칙 하게 기포가 형성된다. 선천성으로 드물지만 옅은 색깔의 모발을 지닌 사람에게서 발생한다.

모발내 고리모양이 나타나는데 이것은 모피질 내에 비정상적으로 공기가 함유되어 빛의 반사 차이에 의해 흑색과 백색의 띠가 교대로 나타나기 때문이다. 충격을 피하면 모발이 정상길이대로 자랄 수 있다.

Memo

Memo

⑦ 양모발(wooly hair)

두피에 국소적 혹은 전체적으로 가늘고 꼬불꼬불한 모발이 나타난다.

가늘고 밀집된 곱슬머리가 출생시부터 나타나고 아동기에 가장 심하게 나타나게 된다. 모발이 12Cm이상 자라지 않지만 성인이 되면 어느정도 호전된다. 이러한 모발은 잘 뭉쳐지게되며 빗질이 힘들 경우가 종종있다. 염전모나 결절성 열모증이 동반되기도 한다, 다른 피부질환이나 전신질환이 동반되지 않는다.

⑧ 두갈래 모(pili bifurcati)

한 가닥의 모발이 다수의 불규칙한 간격을 두고 두갈래로 나뉘어졌다가 다시 하나로 합쳐진 형상을 하고 있다. 염색체 이상으로 알려져있다.

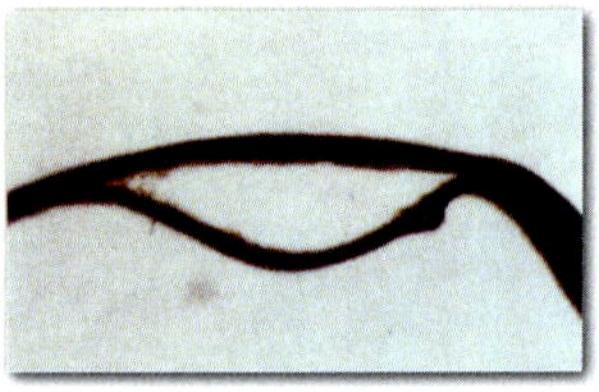
두갈래모

2) 병적인 요인

① 골절모(trichoschisis)

모간을 가로질러 평행하게 갈라지거나 균열을 일으켜 골절과 같은 형상한다. 부분적으로 상피세포가 결핍되어 약해진 부분이 갈라지면서 발생한다.

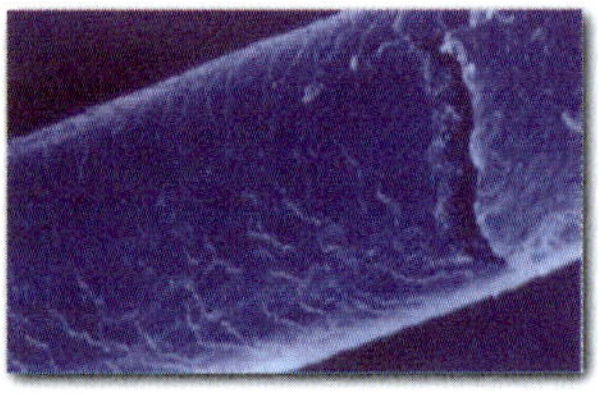
골절모

② 매듭모(trichonodosis)

모간에 매듭이 형성되는 질환으로 정상적인 두발과 체모에서 빗질이나 마찰에 의해 매듭모가 형성되는 경우와 쉽게 부러지는 비정성적인 성장을 보이는 두발과 체모에서 발생되는 아주 드문 경우가 있다.

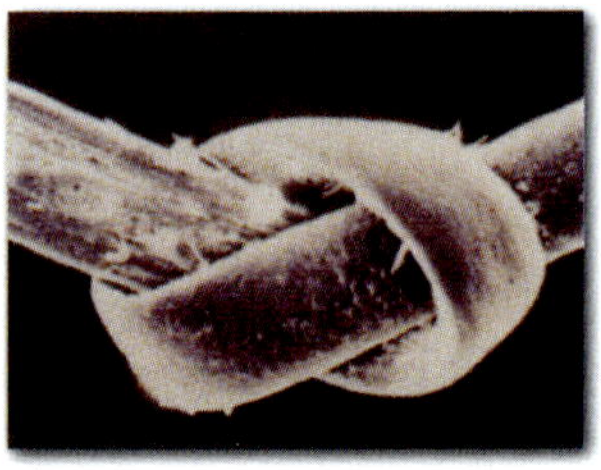
매듭모

③ 균열모(trichoptilosis)

모근의 원위부의 끝이 세로로 모간을 따라서 갈라진 형상을 하고 있다. 과도한 모발의 손질, 무리한 스타일링, 가려움증에 의한 반복되는 자극등에 의해 발생한다.

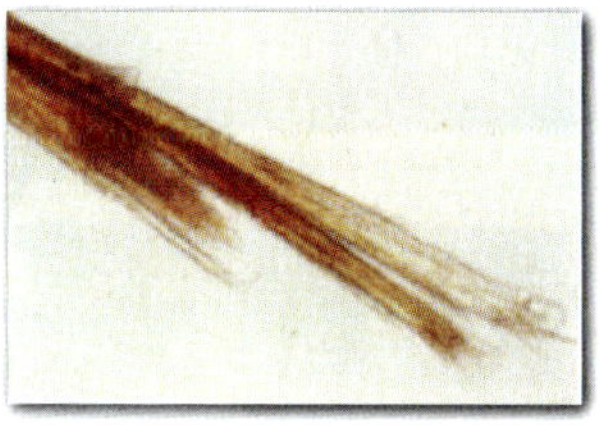
균열모

④ 원주모(hair cast)

모발에 단단한 회백색의 각질성 부착물로 둘러싸고 있으며 모발을 따라 자유로이 움직이기도 한다. 육안으로는 머릿니의 알과 같은 서캐와 비슷한 형상을 하고 있다.

건선이나 태선 혹은 지루성 피부염과 동반되기도 한다. 남아보다 여아에게서 발생율이 높다.

원주모

Memo

Report

1. 모발의 싸이클은 어떠한가?

2. 모발의 구조중 모근의 구조에 대해 적어보자.

3. 모발의 구조중 모간의 구조에 대해 적어보자.

4. 모발의 굵기에 따른 분류를 해보라.

5. 모발의 구성성분은?

6. 모발의 색소 중 동양인의 색소에 대해 적어보자.

7. 모발의 pH에 대해 정리하라.

8. 모발의 구조도를 그려보고 각 부위별 기능을 익힌다.

Chapter III

탈모

1 탈모의 정의

Memo

탈모란 머리카락이 빠지는 현상을 의미하지만 trichologist에서의 해석은 성장기가 짧아지거나 완전한 주기를 거치지 못한 상태에서의 탈모가 지속됨을 의미한다.

2 탈모의 사전증상

사전증상으로는 두피가 자주 가렵다거나, 피지분비량이 증가했다든가, 비듬이 많아진다는가, 모발이 가늘어지는 현상 등을 들 수 있다.

3 탈모의 원인

탈모의 원인은 다양하고 많지만 일반적인 원인으로는 아래와 같다.

1) 유전적 요인
2) 두피의 혈액순환 장애
3) 다이어트로인한 영양결핍
4) 스트레스

Memo

5) 땀, 피지로 인한 모공의 문제
6) 과각화현상으로 인한 모공문제
7) 저급한 비누나 샴푸
8) 지나친 자극이나 압력
9) 임신, 출산
10) 호르몬 불균형
11) 화학적요인

4 탈모의 유형

1) 임신, 출산에 따른 탈모

에스트로겐은 성장기모의 수명을 연장 시키는 작용을 하므로 임신시에는 머리카락이 잘 빠지지 않는다. 출산 후 여성호르몬의 분비가 정상화 되면서 수명이 연장되었던 모발들이 일시적으로 빠지는 것을 산후 탈모증이라 한다. 출산 후 2-6개월 까지 계속되다가 1년 이내 정상화되는 것이 일반적이다.

2) 피임약에 의한 탈모

피임약은 여성호르몬인 에스트로겐과 프로게스테론으로 만들어 졌으며 피임약에 의한 여성호르몬의 불균형으로 탈모가 되기도 하고 개선되기도 한다.

3) 남성형 탈모

유전적요인으로 인한 탈모로 사춘기 이후 빠르면 17세부터 탈모증이 나타나며 20대후반에 서부터 가장많이 발발한다. 유전적 요인의 특색으로는 성장주기가 짧아지는 탓에 모발이 가늘어지고 짧은

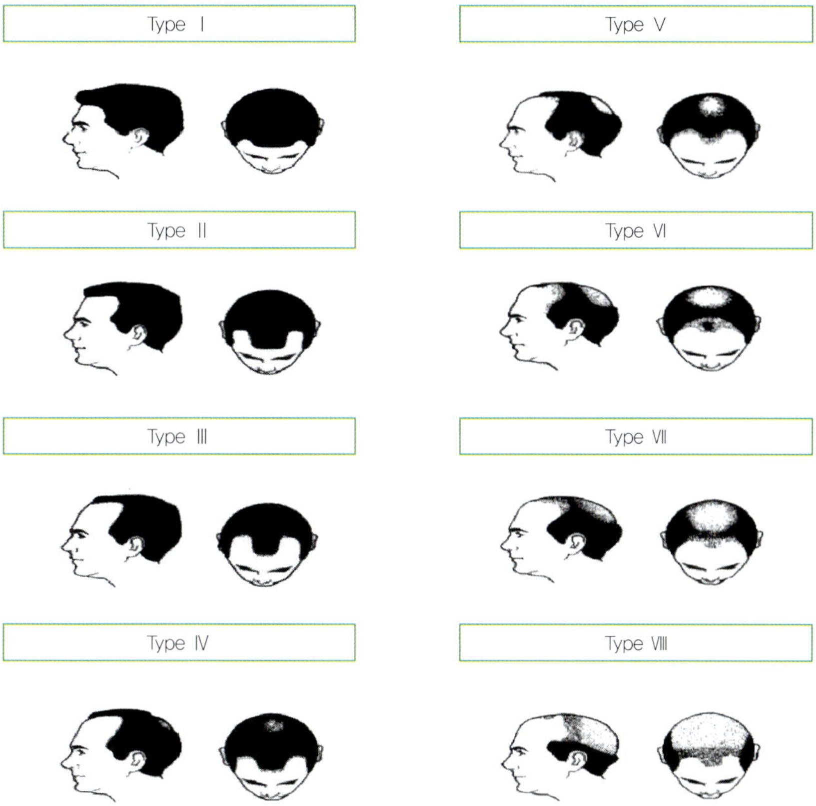

그림 15 남성형 탈모의 유형

머리카락이 많이 빠지는 것이 특징이다. 또한 남성호르몬의 영향으로 전부두, 두정부 머리카락은 잘 빠지며 눈썹밑으로의 털은 잘 자라게 하는 경향이 많다.

4) 여성의 유전적 탈모

여성의 경우 탈모가 있어도 대머리의 경우는 거의 없다. 두정부의 머리가 많이 빠지는 현상으로 빈모가 되는 경우가 많다. 대부분 30 후반에서 시작하여 폐경기가 되면 더욱 두드러지는 경향이 있다. 그것은 폐경기로 인한 여성호르몬의 감소로 인한 남성호르몬의 역할이 강세를 이루기 때문이다.

Memo

Memo

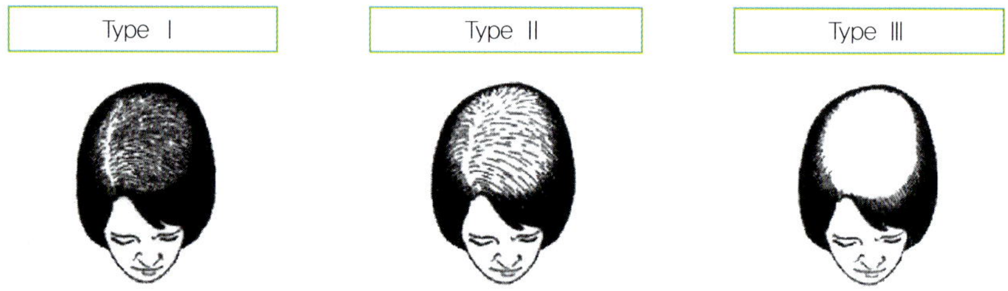

그림 16 여성형 탈모에서의 여성의 탈모유형

5) 지루성탈모

피지분비가 많아지면 여러가지 문제를 야기시키는데 바듬의 증가, 염증유발, 모낭염 등으로 탈모현상을 나타낸다.

6) 접촉성피부염에 의한 탈모

화학적시술, 즉 펌제, 염색, 탈색제 등에 의한 두피자극으로 인한 탈모증을 말한다. 비교적 경미한 경우는 아무 문제가 없지만 심하면 염증도 생기고 염증 치료후에도 탈모가 일어나기도 한다.

7) 내분비 질환에 다른 탈모

내분비 호르몬의 불균형으로 전제적인 확산성 탈모증을 말한다.

8) 영양불균형으로 인한 탈모

다이어트로 영양균형이 발란스가 맞지 않으면 탈모증을 유발한다.

9) 견인성탈모

심한 당김, 즉 기계에 머리카락이 말려들어간 경우, 포니테일형으

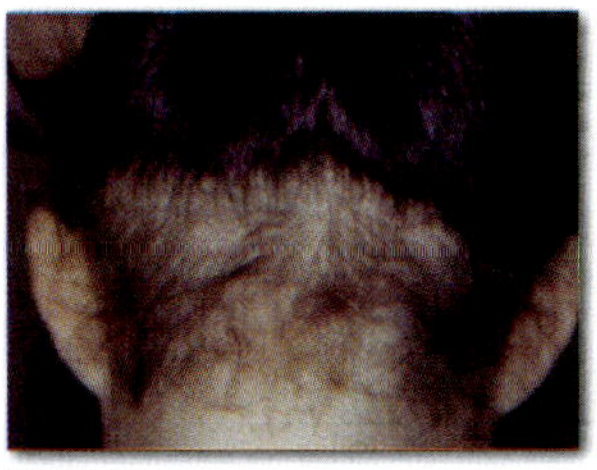

견인성탈모

로 장기간 스타일링한 경우 등으로 뽑혀지는 경우를 말한다. 땋은 머리카락에서도 많이 보여진다.

Memo

10) 원형탈모

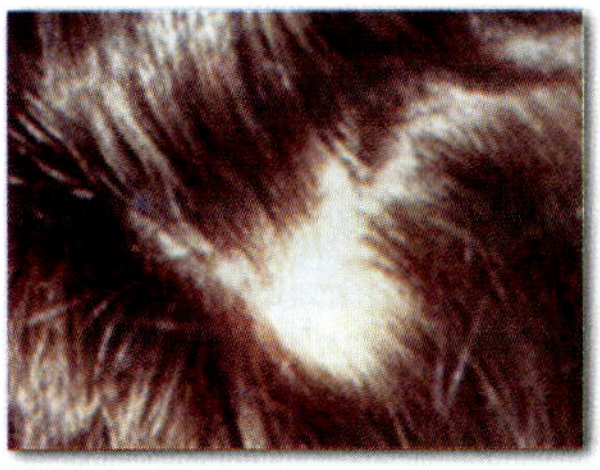

원형탈모증

두피에 특별한 자각 증상 없이 손톱만 한 크기에서부터 시작되는데 눈썹, 턱수염, 음모 등에서도 발생하는 경우가 있다. 단발 또는 다발로 발생하며 크기는 다양하다.

원인으로는 유전, 스트레스가 주요인으로 알려져 있지만 정확한 원인은 알수 없다. 일반적인 원형탈모인 경우 자연치유되는 경우도 있고 특별한 경우 병원치료를 요해도 완치가 되지 않는 경우도 있어 일차적인 관리는 병원치료를 요한다.

11) 약제성 탈모증

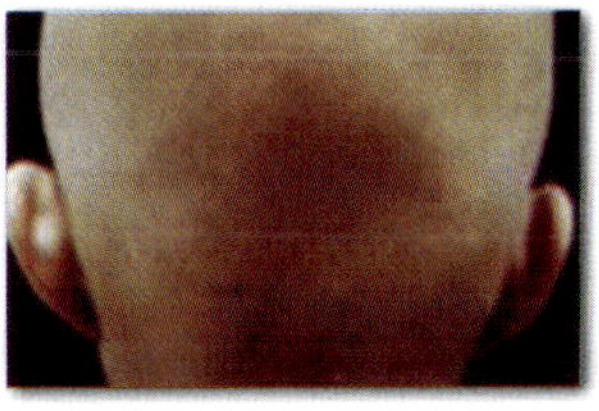

약제성 탈모

주로 항암제등에 의한 약물투입에 따른 탈모로 성장기모가 탈모되며 완전탈모가 되기도 한다. 약물투입 중단후 다시 회복되기도 한다.

12) 압박성탈모

두피를 압박하여 나타나는 현상으로 가발을 오래 착용한다든지 오래 누워있는 경우에 타로가 일어나는 것을 말한다.

13) 반흔성(흉터)성 탈모

화상이나 수술 후 그 부위에 탈모가 되는 것을 말한다.

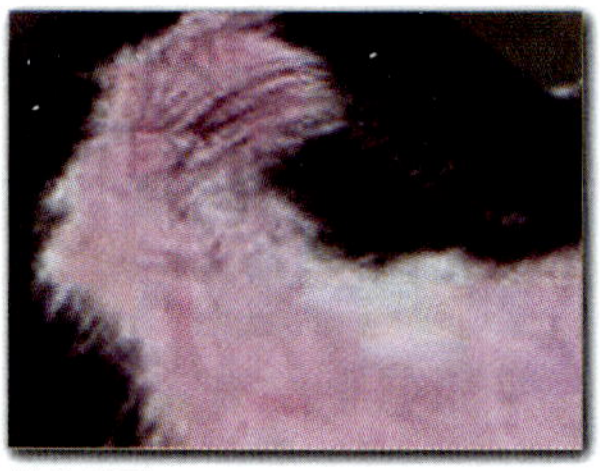
반흔성탈모

14) 모낭충에 의한 탈모

모낭충은 0.3mm 크기의 진드기류로 데모덱스 훠리큘럼과 데모덱스 브레비스 두종류가 있다. 주로 피지선에 기생하며 야행성을 가지고 있다. 모낭충이 주요인으로 인한 탈모는 아직 빌표된 것이 없다. 병적으로 심한 경우 탈모를 야기 시킬 수 있다.

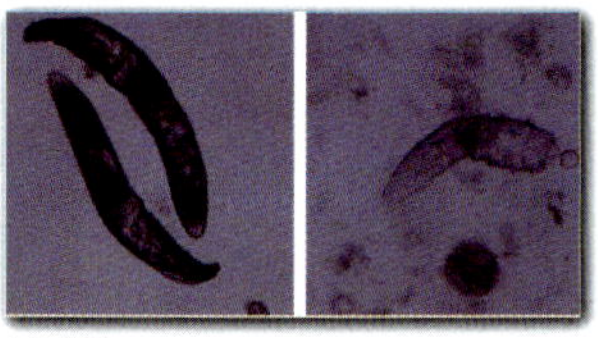
모낭충

5 병원에서의 탈모 치료법

탈모에 관한 병워에서 시행되는 방법으로는 모발이식수술, 메조테라피, 약물치료 등이 있다.

1) 모발이식수술

자가모발이식수술법으로는 펀치법, 미니크래프트법, 마이크로프트법, 단일모식모술 등이있다

① 펀치법

펀치법은 직경4mm의 펀치로 10개 이상의 모발을 이식하는 방법으로 1959년 처음 개발되었으나 흉터가 남으며 외관상 부자연스러운 것이 단점이다.

② 미니크래프트법

직경2mm의 펀치로 1980년대 시술되던 방법으로 수술후 흉터와 외관적인 문제가 단점이다.

③ 마이크로프트법

모발 2-3개씩 이식하는 방법이다.

④ 단일모식모술

모발 1개씩 이식하는 방법으로 오늘날 대부분의 병원에서는 단일모 식모술을 행하고 있다.

⑤ 두피절개술

넓어진 두피를 일부분 절개하여 꿰메는 방법으로 흉터가 남고 부자연스러워 현재는 시행도지 않는다.

2) 약물치료법

FDA에 공식 허가된 모발약으로 약명 피나스테리드(finasteride)와 미녹시딜(minoxidl)이 있다.

① 피나스테리드

원래 전립선비대증 치료제로 개발되었으나 임상에서 모발이 자라 모발치료제 "프로페시아"로 판매되고 있다. 전립선비대증 치료제는 프로스카로 시판된다.

② 미녹시딜

원래 고혈압치료제, 혈관확장제로 개발되었으나 임상에서 모발에 도움을 주는 효과로 "미녹시딜", "로가인" 등의 이름으로 판매되고 있다.

모발을 자라게 효과는 있으나 굵게하거나 길게 하는 효과의 기대는 어렵다.

Memo

Memo

③ 메조테라피

두피에 직접 메조 건(gun)으로 약물을 투입하는 방법을 말한다.

6 탈모와 관련된 호르몬

호르몬은 내분비선에 의해 체액으로 분비되는 화학적 물질로 다른 장기의 기능에 대해 특이한 작용을 하는 것이다. 이러한 물질은 특정세포나 기관에서 만들어지고 혈액순환에 의하여 전신에 퍼지고 특정조직이나 기관에 가서 그 기능이나 구조에 영향을 준다.

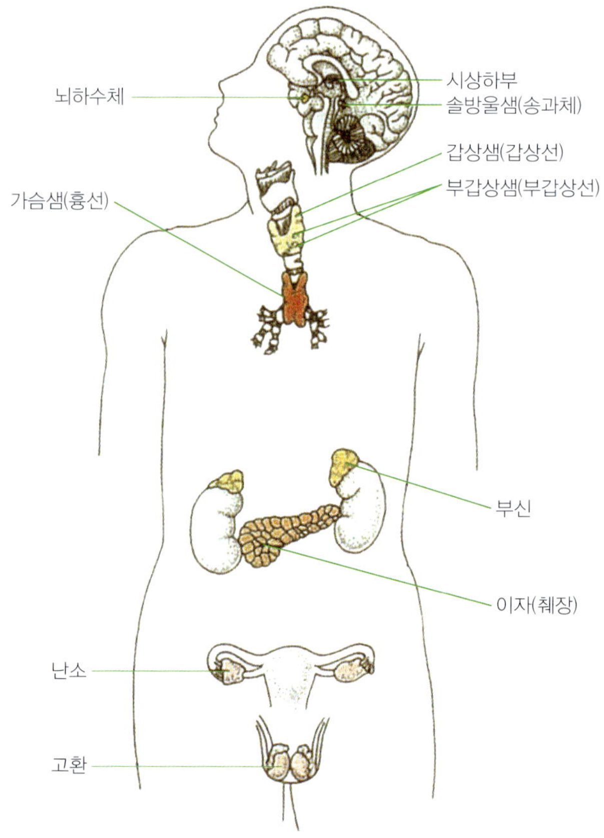

그림 17 대표적 내분비샘의 위치

1) 뇌하수체(anterior pituitary)

뇌하수체에서는 갑상선자극호르몬, 부신피질호르몬, 성선자극호르몬, 성장호르몬 등을 분비 지배한다.

① 성장호르몬(GH:growth hormone)

성장호르몬은 191개의 아미노산으로 조성된 단백호르몬으로 다른 호르몬과는 달리 일정한 표적기관없이 인체 모든 조직에 영향을 미치는 호르몬이다. 또한 모든 세포의 크기를 증가시키고 유사분열을 통해 세포의 수를 증가시켜 성장기 어린이의 뼈와 근조직의 성장을 촉진시키므로 키를 결정 하는 주요 호르몬이다. 출생부터 성자이 완료될 때까지는 분비량이 많으나 어른이 된 후에는 극히 소량(1-4mg, 혈중농도 0.3mg/ml)이 분비된다.

성장기에서 성장호르몬의 과잉분비는 거인증을 초래하며 과소분비는 난쟁이를 초래한다. 손, 발의 뼈 및 두개골은 일생동안의 성장능력을 갖고 있으므로 성장이 완료된 후에 성장호르몬이 과다하게 분비되는 경우에는 손발이 커지고 턱이 길어지고, 협골이 튀어나오는 말단비대증을 초래한다. 성장호르몬은 단백질 합성의 증가, 탄수화물 이용의 감소 및 지방분해 촉진효과를 갖는다.

② 갑상선 자극호르몬(TSH/thyroid stimulating hormone)

갑상선호르몬은 티록신이라는 호르몬을 분비하는데 기능저하증과 기능항진증이 있다.

갑상선 호르몬은 모발의 발육과 관계되는데 갑상선의 기능에 이상이 생기면 확산성 탈모와 관련이 있다.

③ 부신피질 자극호르몬(ACTH/adrenocorticotrophic hormone)

부신은 스테로이드성 호르몬 등을 분비하는 탈모와 깊은 관련이 있는 호르몬으로 부신피질호르몬과 부신수질 호르몬이 있다.

Memo

④ 성선자극호르몬(gonadotrophic hormone)

여성호르몬은 모발의 발육을 촉진시키며 남성호르몬은 모발 발육을 억제 시킨다.

체모는 남성호르몬이 발육을 촉진시키며(수염, 흉모), 부신 피질호르몬은 팔털, 다리털, 음모등에 관여한다.

뇌하수체의 기능이 사춘기 이전에 억제되면 성선은 전혀 발전되지 못하고 소악시의 모습을 그대로 지닌다. 성인이 된 후에 뇌하수체를 제거하면 남자의 고환은 약 1/10의 크기로 위축하고 정자의 형성도 멎으며 남성호르몬의 생산도 멎게 된다.

여자의 경우 난포도 형성 되지 않고 난자의 성숙 및 여성호르몬의 생산도 멎게 된다. 이에 따라 월경주기도 없어지고 만다. 임신초기의 뇌하수체 제거는 유산을 일으키며, 임신에 따라 필요한 난소 및 황체가 소실된다.

a. 난포자극호르몬(FSH)

난자의 성숙을 일으키고 난소를 자극하여 에스트로겐의 분비를 촉진시켜 여성의 2차 성징에 관여한다.

남성에서는 배아상피를 자극하여 정자의 형성을 촉진시킨다.

b. 황체형성호르몬(LH)

여성의 난포자극 호르몬에 의해 성숙한 포상난포에서 배란을 발효시키는 호르몬이며 배란된 후에 포상난포를 황체로 변화시켜 성호르몬(progesterone)을 분비케 하고 배란 후에는 현저하게 증가한다.

남성에서 이 호르몬은 고환 내 남성호르몬인 테스토스테론의 분비를 촉진시킨다.

c. 젖샘자극호르몬(Prolactin)

임신5주부터 분비 되기 시작하여 분만직후에 대량으로 분비되어 유선을 자극, 분비를 촉진 시킨다.

임신중에 프로락틴 분비가 증가하여도 유즙분비가 일어나지 않는 이유는 이 시기에 태반에서 태반에서 다량으로 분비되는 에스트로겐과 프로게스테론에 의해 분비가 억제되며 수유에 의해 프로락틴 분비가 증가되기 때문이다.

남성에서 프로락틴 역할은 밝혀지지 않았다.

⑤ 멜라닌세포 자극 호르몬(MSH)

멜라닌색소세포 자극 호르몬은 피부의 표피에 있는 멜라닌색소세포에 작용하여 그 세포로 하여금 멜라닌 색소 형성을 촉진 시킨다. 많이 형성되면 피부가 검게 변하는 흑피증이 유발된다.

⑥ 옥시토신(oxytocin)

유즙의 유출작용과 분만 시기에 자궁평활근의 수축작용에 관하여 분만을 촉진 시킨다.

분비된 옥시토신은 혈액을 통해 뇌하수체의 전엽에 가서 프로락틴의 유리를 자극 하는 것으로 알려져 있다. 그리고 공포, 불안, 동통과 같은 정서자극은 교감신경을 활성화 시켜 분비를 감소 시킨다.

⑦ 항이뇨 호르몬(ADH/antidiuretic, vasopressin)

신장의 세뇨관에서 수분의 재흡수에 영향을 미침으로써 분비가 증가되면 수분 재흡수를 촉진시켜 소변량이 감소된다. 반대로 이 호르몬의 분비가 감소되면 소변량이 증가하여 요붕증(diabetes insipidus)이 발생된다. 이것을 과량투여하면 혈관평활근을 수축시켜 혈압을 상승시키므로 바조프레신(vasopressin)이라고 불리기도 한다.

2) 췌장

췌장은 위의 뒷부분에 위치하고 대부분이 소화액을 분비하는 외분비샘이지만 그 속에 흩어져 있는 랑거한스 섬은 내분비샘이며 여기서 3종의 호르몬이 분비된다.

랑거한스섬은 직경 0.1mm정도 되는 공모양의 세포로 100만개정도 모여 이뤄진다.

ⓐ 알파세포(약20%): 글루카곤-이화작용
ⓑ 베타세포(약75%): 인슐린-동화작용
ⓒ 세타세포(약 5%): 소마토스타틴

Memo

Memo

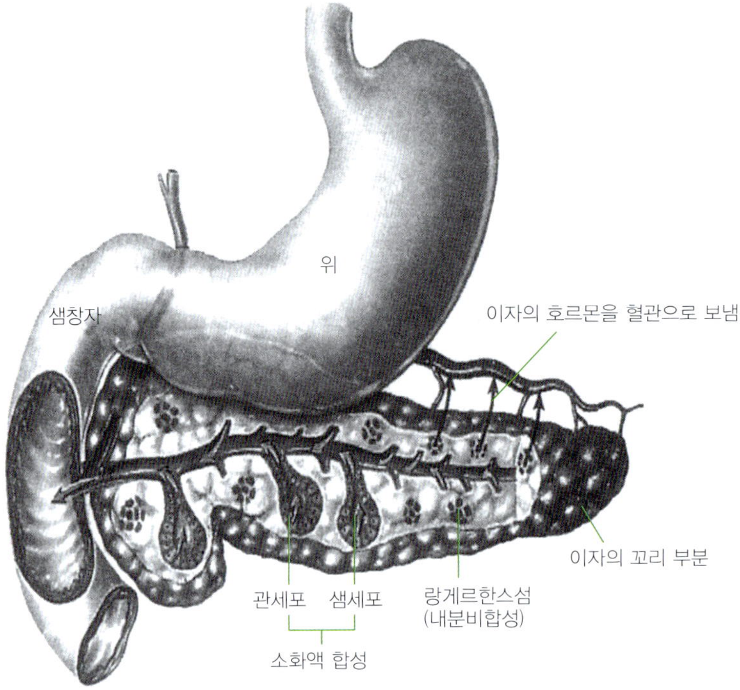

그림 18 내 · 외분비계를 겸하는 이자

① 글루카곤

글루카곤은 췌장의 알파세포에서 분비되는 호르몬으로 인슐린과 반대로 혈당농도를 높이는 작용을 하는 호르몬이다.

혈당 농도가 낮아지면 글루카곤이 분비되고 이것이 간세포의 당원질(glycogen)을 포도당으로 분해하여 혈당농도를 정상으로 조절한다.

② 인슐린

인슐린은 췌장의 배타세포에서 분비되는 호르몬으로 탄수화물의 대사와 관계가 있으며 혈당농도를 저하 시키는 작용을 하는 호르몬이다.

이 호르몬은 혈액내의 영양소들 특히 포도당을 세포 안으로 이동시키므로 포도당의 혈중 농도를 저하시킨다. 또 근육조직에서는 혈액중의 포도당을 세포 내로 끌어들여서 해당이나 호흡에 이용하는 반응이 촉진되고 또 당질을 지질로 변화

시켜 저장하는 반응도 촉진한다.

이것도 혈당농도를 저하 시키는 효과가 있다.

당뇨병은 혈당 농도가 비정상적으로 높은 질환을 말하며 혈당농도가 높아지면 당이 뇨중으로 나와 당뇨가 된다. 또 식욕이 왕성해지고 물을 많이 마시게 되며 뇨량이 증가, 몸이 쉽게 피로해지며 질병에 대한 저항성이 낮아진다.

③ 소마토스타틴

세타세포에서 분비되는 호르몬으로 글루카곤과 인슐린의 분비 기능을 억제 내지 조절하는 것으로 알려져 있다.

3) 갑상선호르몬(thyroxine)

갑상선은 목의 후두 아래에 있는 나비 모양으로 된 작은 조직이고 사람의 내분비선 중 가장큰 분비선으로 무게가 약 15-25g 정도이다.

갑상선은 신체 내의 모든세포 내에서의 신진대사를 촉진시킨다. 즉 인체의 성장 및 성숙에 영향을 주고 지방대사 및 탄수화물대사 등에 작용하여 산소 소비를 증가시키고 열량 생산이 증대된다.

갑상선이 비대해져 분비 과잉이 되면 글리코겐이 과다분비되어

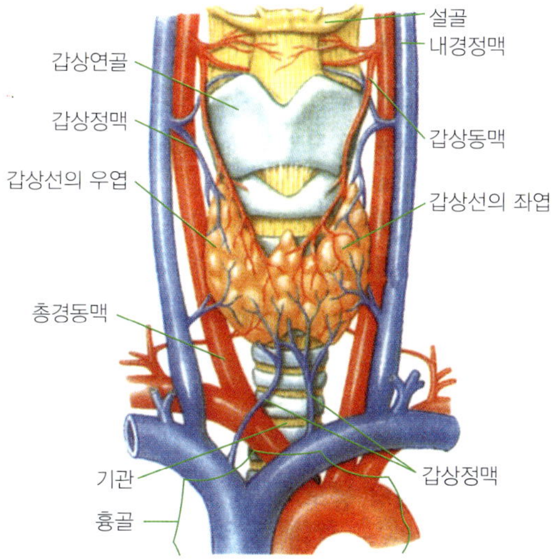

그림 19 갑상선(전면)

Memo

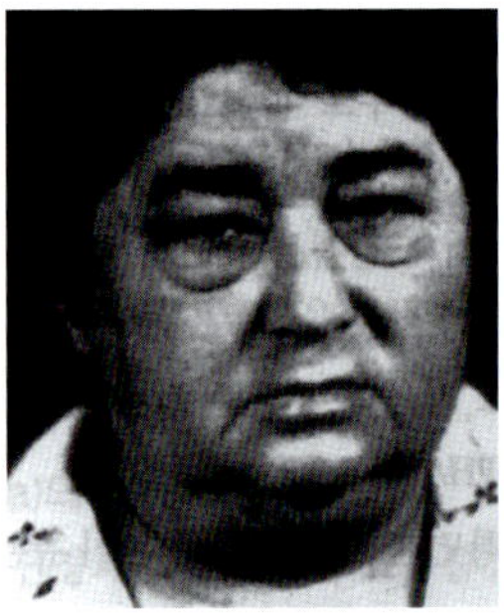

그림 20 점액수종

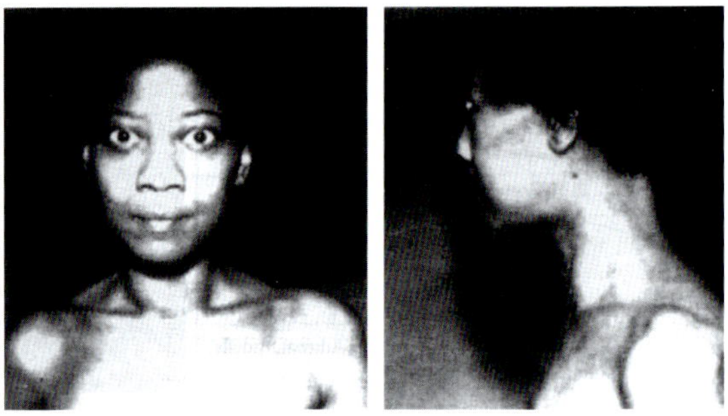

그림 21 갑상선 기능항진증(좌–안구돌충증, 우–갑상선 비대)

고혈당증이 되고 몸무게 감소 및 안구돌출, 갑상선종, 맥박수가 증가되는 그레이브스(Graves' disease)병에 걸리고 성인의 경우는 대사율 저하, 체중감소, 피부건조, 점액수종을 나타낸다.

갑상선 호르몬 불균형시 갑상선기능 항진증과 갑상선 기능 저하증으로 나타난다.

	갑상선 기능항진증	갑상선 기능저하증
일반적 증상	뜨거운 것을 싫어함, 체중감소, 식욕항진, 땀이 많아짐, 얼굴이 붉어짐, 대사율증가, 체온증가	차가운 것을 싫어함, 체중증가, 식욕저하, 땀이 적어짐, 쉽게 피로해짐, 대사율 감소, 쉰 목소리
머리	머리카락이 가늘어짐	머리카락이 건조해짐
눈	윗눈꺼풀이 아래로 처짐(lig lag) 윗 흰눈동자가 보임(lid retrantion)	눈꺼풀이 부음
목	목이 펴지면서 커짐(goiter)	목이 부어보임(goiter)
심장	심장박동이 빨라짐(심계항진), 혈압상승	심장박동이 느려짐
위장관	설사	변비
비뇨기	월경량 감소, 불규칙, 무월경	월경이상, 월경과다
피부	따뜻하다, 발그레하다, 지성피부	거칠고 차가우며 건조한 피부
신경	근육피고, 몸의 떨림, 근력의 약화	근육통, 근쇠약감
감정	신경예민, 집중력 약화, 불안, 불면증	우울, 정신집중력 약화, 늘 수면부족감으로 피곤, 신경질적 반응
기타	하지근육의 쇠약, 소양증, 자연유산 및 선천성 이상, 여자에서 발생 많고 20–40대에 발생	기억력 감퇴, 부종, 표정이 없다, 머리카락이나 눈썹의 가장자리가 잘 부서지며 쉽게 빠짐, 불임과 습관성 유산

4) 부갑상선호르몬(PTH)

부갑상선은(parathyroid gland) 갑상선 뒷면의 아래위에 각가 한 쌍씨 모두4개정도 있으며 쌀알크기 정도이다. 여기서 parathormone (PHT)호르몬이 분비된다.

칼시토닌의 표적기관으로는 성장기에 골조직 발달에 주로 관여한다. 이 호르몬은 혈액에서 골조직으로 칼슘의 이동을 촉진하여 조골세포의 활성도를 증가시켜 칼슘유리를 억제하여 혈액내 칼슘농도를 감소 시키는 작용을 하며 혈액내 칼슘농도에 따라 조잘되어 즉, 혈중 칼슘농도가 낮아지면 칼시토닌 분비가 억제 된다.

이러한 칼시토닌에 길항적으로 작용하여 혈중 칼슘농도를 일정하게 유지하는 데 기여 하는 호르몬은 부갑상선 호르몬(PTH/parathormone)이다.

따라서 혈중 칼슘농도가 감소하면 부갑상선 호르몬이 분비되어 칼슘 농도를 높인다.

5) 부신호르몬(adrenal gland)

부신은 양쪽 신장 위에 얹혀있는 모자 모양으로 된 삼각형의 내분비선으로 무게는 약 10g 정도이다. 부신은 구조적으로나 발생학적으

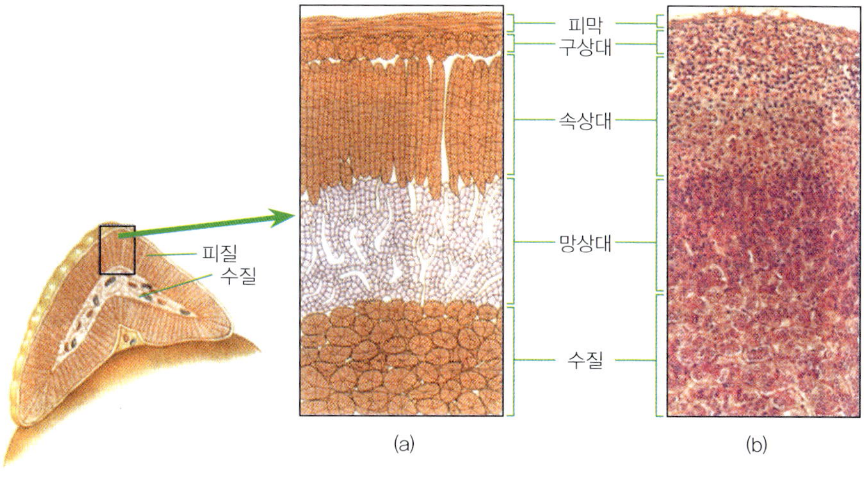

그림 22 **부신** (a) 부신 단면의 도식적 그림 (b) 현미경 사진

Memo

로 전혀 다른 2가지 조직으로 구성되어 있는데 피질과 수질로 구분된다. 피질은 중배엽의 세포에서 발생하며 수질은 외배엽성 자율신경 중에서 교감신경의 신경절 이후 신경세포에서 발생한다. 또 분비되는 호르몬도 각기 다르다.

① 부신피질(adrenal cortex)

부신피질은 3층으로 되어 있으며 외층으로부터 사구층, 다발층, 그물층이라 한다.

부신피질에서 분비되는 호르몬은 여러가지 있으나 화학구조는 모두 스테로이드이다.

이들 호르몬은 그 작용에 따라 염류 코르티코이드(mineral corticoid), 당질 코르티코이드(glucocorticoid), 성 호르몬(adrenal androgen)으로 구분된다.

a. 염류 코르티코이드(mineral corticoid)

대부분 알도스테론(aldosteron)으로 신장의 원위세뇨관에서 Na흡수와 K배출(분비)도 있으므로 체내의 정상 산도를 조절하는 작용도 한다.

b. 당질 코르티코이드(glucocorticoid)

대표적인 호르몬으로 코티졸(cotisol)을 들 수 있는데 간세포를 제외한 모든세포에서 지방과 단백질을 포도당으로 전환하는 당 신생작용을 하여 단백질 분해호르몬, 포도당 생성호르몬, 과다혈당 호르몬이라고 한다. 이 호르몬이 증가하면 당뇨가 되는 것도 이 때문이다. 또한 정상 혈압의 유지와 스트레스방어에 관여하기도 하고 염증반응의 출현을 억제하는 항 염증작용이 있으므로 여러가지 염증, 특히 류마티스성 질환을 치료하는데 사용한다.

c. 성호르몬(DHEA, DHEA-S)

부신성 아드로겐은 부신피질에서 분비되는 남성호르몬이며 여성에서도 분비된다. 정상인에서 분비되는 양은 극히 적기 때문에 생리적인 작용은 미미하다. 그러나 부신성 안드로겐이 여성에서 다량으로 분비되는 질환이 발생하면 체형이 남성화, 다모증등이 될 수도 있다.

	에피네프린	노어에피네프린
심박동수	↑	↓
심박출량	↑	나항함
말초혈관 저항	↓	↑
혈압	↑	↑↑
호흡	↑	↑
피부혈관	수축	수축
근육혈관	이완	수축
기관지	이완	조금 이완
대사	↑	조금 ↑
산소소모	↑	효과없음
혈당	↑	조금 ↑
신장혈관	수축	수축

② 부신수질

부신수질에서 분비되는 호르몬은 아드레날린과 노르아드레날린 이다.

사람의 부신 수질에서는 약 4:1의 비율로 아드레날린이 더 많이 분비된다. 이 호르몬은 민무늬 근육, 심장근육 및 여러샘에 작용하여 자율신경 중에서 교감신경의 효과를 증가시키고 동공 확대, 심박수 증가, 심박출량 증가, 혈관 수축, 혈압 상승, 기관의 수축 억제, 땀샘의 분비 항진, 소화관의 운동억제, 소화샘의 분비억제, 간에서의 당원질 분해촉진과 이로 인한 혈당농도 상승, 기초대사율 상승 등을 초래한다.

Memo

Report

탈모와 관련된 호르몬에 대한 정의와 종류를 조사하여 발표하고 익힌다.

Chapter IV

영양소

1 영양소란?

생명현상을 영위해 나가려면 음식물을 통한 영양공급이 우선이다.

영양소는 위와 장에서 소화되어 흡수 된다. 흡수된 영양소는 목적에 따라 칼로리로 변화하기도 하고, 인체에 필요한 성분으로 변하여 필요한 조직이나 장기로 운반되어 이용한다. 이러한 일을 하기 위해서는 효소라는 물질이 필요하다. 이 효소가 바로 아미노산과 비타민, 미네랄이다.

탄수화물, 지방, 단백질의 3가지는 생명활동의 기본물질이 되고, 비타민 미네랄은 생명활동을 영위하기 위한 작용물질이라고 할 수 있다.

2 3대 영양소란?

3대영양소: 단백질, 탄수화물, 지방
5대영양소: 단백질, 탄수화물, 지방, 비타민, 미네랄

1) 탄수화물

탄수화물은 몸에서 효소의 도움을 받아 인체가 하루에 소비하는 열량을 생산한다.

Memo

Memo

만약 탄수화물을 적당히 섭취하지 못하면 하루에 사용할 에너지가 만들어지지 않아서 기운이 빠지고 추위를 타게 된다.

▶ 탄수화물의 기능

① 에너지공급

신체 활동을 위해서는 에너지가 요구되는데 중추신경계는 에너지 급원으로 오직 포도당만을 사용하므로 중추신경계의 원활한 작용을 위해서는 반드시 필요하다.

탄수화물은 지방이 에너지로 쓰일때 그 과정에서 중간대사 산물인 케톤체(ketone bodies)가 지나치게 쌓여 일어나게 되는 비정상적인 상태인 케톤뇨를 예방해 준다.

② 단백질 절약 작용

단백질은 에너지를 내는 일 외에 단백질 고유의 중요하고도 필수적인 기능이 있다. 탄수화물이나 지방이 부족하면 단백질은 이 고유의 기능을 못하고 에너지를 내는데 쓰이게 된다.

그러므로 탄수화물과 지방은 단백질이 에너지원이 되는 것보다 단백질 고유기능을 하도록 단백질을 절약시켜주는 작용을 한다.

③ 장내운동성

식이섬유질(dietary fiber)은 셀룰로이스, 헤미셀룰로스, 리그닌, 펙틴질 등으로 장내에서 물을 흡수하여 부드러운 덩어리를 만들고 이것이 소화기관 근육의 수축을 자극하여 장내 연동운동을 돕는 역할을 한다.

④ 신체구성성분

신체 내에서 중요한 화합물을 형성하는데 주로 윤활물질이나 손톱, 뼈, 연골 및 피부 등의 구성요소가 되고 있다. 그 외에도 당이면서 5탄당인 리보스는 DNA와 RNA의 중요한 구성성분이 되며 이당류인 유당은 칼슘의 흡수를 돕는 작용을 한다.

식품: 쌀, 밀가루, 국수, 고구마, 감자, 옥수수

2) 지방

지방은 체지방이 되거나 호르몬과 담즙 등의 원료가 되어 인체의 생리활동에 관여하고 있다. 힘과 열을 내는 에너지의 원료가 된다. 또한 물에 녹지 않는 지용성비타민을 녹여 우리몸에 흡수를 돕는다. 세포막의 구성성분으로 우리피부를 유지케 하고 필수 지방산이 결핍되면 피부염, 탈모, 상처가 잘 치유되지 않는다.

지질의 기능

① 신체 구조의 형성

신경막을 포함한 거의 모든 세포막의 구조는 부분적으로 콜레스테롤과 인지질로 구성 되어있다. 지방 조직에서 구조를 형성하는 지방축적은 체온을 방어하며 다양한 기관을 충경으로부터 보호해 준다.

② 대사조절

콜레스테롤은 다양한 호르몬의 구성물질로 대사 조절에 다양한 영향을 준다. 인체의 콜레스테롤의 대부분은 간에서 담즙염을 생산에 사용하며 담즙염은 지방소화에 사용된다. 또한 인지질은 혈액응고에 필요하다.

③ 에너지원

인체의 대부분의 중성지질의 기능은 대사과정을 진행하기 위한 에너지로 사용되며 대부분의 중성지질은 지방조직에 저장되어 있다. 이들은 유리지방산(FFA)과 글리세롤로 분해되어 혈액으로 유출되며 FFA는 조직으로, 글리세롤은 간으로 이송되어 산소계를 통해 에너지를 생상하게 된다. 글리세롤은 간에서 다른 지질과 글루코스를 생상하기 위해 사용된다.

식품: 육류, 기름, 식용유, 버터, 땅콩, 호두, 잣

참고

동물성지방은 포화지방이 많아 과다하게 섭취하면 비만, 동맥경화, 관상동맥성질환, 성인병의 원인이 된다.

Memo

Memo

3) 단백질

단백질은 18종의 아미노산으로 구성되어 있으며 필수아미노산과 비필수아미노산으로 구분된다.

인체를 구성하는 근육, 머리카락, 혈액 구성성분인 적혈구의 알부민뿐만 아니라 손톱, 건, 인대등 결합조직의 구성 성분이 된다.

결합조직은 콜라겐이라는 단백질이 섬유상으로 결합한 것인데 콜라겐은 인, 칼슘, 마그네슘고 합하여 뼈의 구성성분이다. 이외에도 지방이나 철 등 영양소의 운반체로도 작용하며, 면역세포의 원료가 되며 효소의 원료로 작용하여 인체의 대사기능에 깊이 관여하고 있다.

▶ 단백질의 기능

① 에너지급원
② 호르몬
③ 체액균형
④ 산, 염기의 균형
⑤ 영양소의 운반

▶ 단백질의 분류

필수 아미노산과 비필수 아미노산으로 구분된다.

체내에서 합성되눈 것을 불필수아미노산이라하고, 체내에서 합성되지 않아 반드시 식이로 섭취해야 하는 아미노산을 필수 아미노산이라 한다.

① 필수아미노산

완전단백질은 체내에서 합성이 불가능한 아미노산으로 생명체의 성장과 유지에 필요한 필수아미노산을 모두 가진 단백질로서 젤라틴(gelatin)을 제외한 대부분의 동물성 단백질인 육류, 달걀, 우유 및 생선 등이 이에 속한다.

*대두는 영양학적으로 완벽한 식물성 단백질원이라 한다.

식품; 우유, 육류, 생선, 계란, 콩류, 두부 등.

3 영양소의 소화흡수의 경로

Memo

1) 소화기관

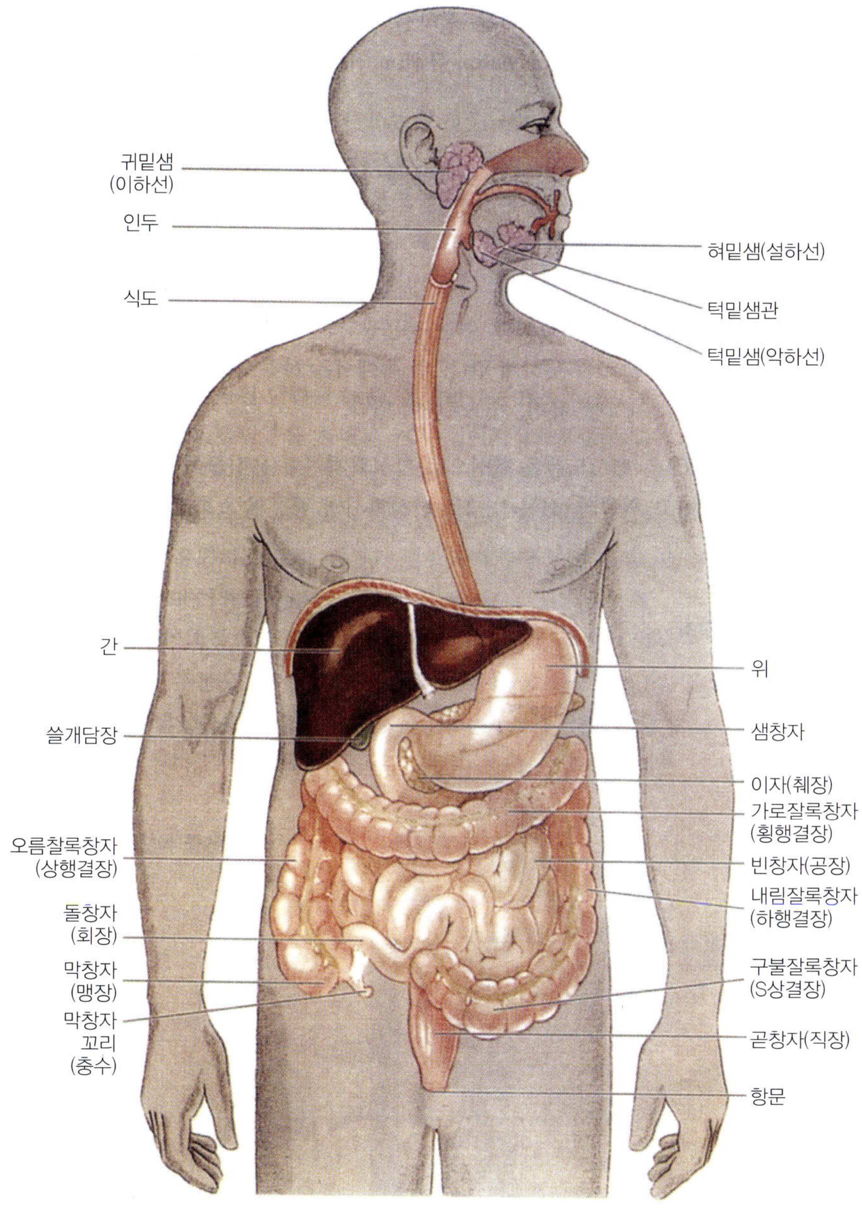

그림 23 사람의 소화관

Memo

인간은 음식물을 통해 섭취하는 유기물들은 대개 대단히 큰 분자로 이루어져 있기 때문에 소화라는 가수분해 과정을 거쳐 단위물질로 갈라지고 이것은 소화관벽을 통해 몸 속의 혈액과 림프로 운반된다.

소화기관의 구성으로는 구강, 인두, 식도, 소장, 대장으로 나눌 수 있다.

① 구강

음식물 1차 분해기관으로 잘게 부수고 타액과 혼합되어 식도로 이동하기 쉬운 상태로 만든다. 구강에는 3쌍의 타액선이 있다. 이하선, 설하선, 악하선에서 하루에 1-1.5리터의 타액이 분비 되며 타액속에는 아밀라제(amylase), 뮤신(mucin)이 들어있다.

② 식도

인두에 연결된 식도는 약 25cm정도이고 음식이 들어오면 연동운동을 일으켜 아랫쪽으로 내보낸다.

③ 위

위는 대략 J자 모양의 근육성 주머니이다. 위는 분문괄약근과 유문괄약근이 있어 내용물을 식도나 십이지장 쪽으로 흐르지 못하게 한다.

위속에서는 하루 2리터의 위액이 분비되며 주요성분으로는 HCl, 펩시노겐, 뮤신, 가스트린이 있다.

a. HCl

위액 속의 HCl은 펩시노겐을 펩신으로 활성화 시키며 음식물에 섞여 들어온 세균을 살균하기도 하고 위액의 pH를 1-2로 산성화 시켜 펩신의 소화작용이 잘 일어나도록 한다.

b. 뮤신

뮤신은 위점막을 둘러싸서 펩신과 HCl에 의한 점막의 손상을 방지한다.

c. 가스트린

가스트린은 위액, 특히 HCl의 분비를 촉진한다.

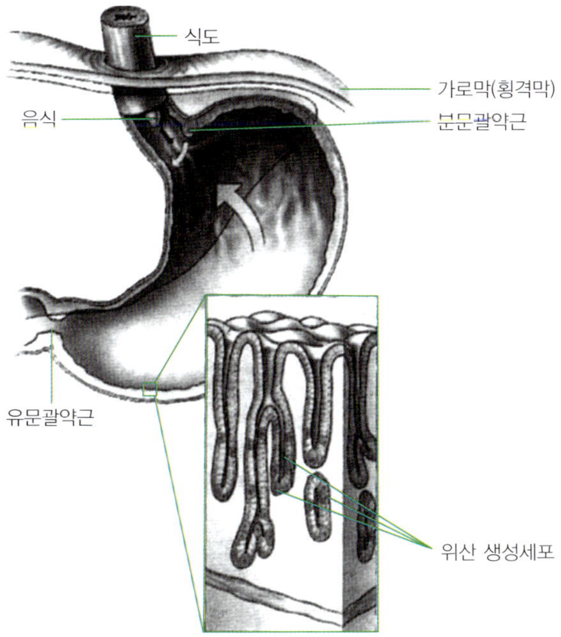

그림 24 위의 내부구조

위에서는 많은 양의 물과 알콜 그리고 일부 지용성 물질이 흡수 된다.

④ 간

간은 신체에서 가장 큰 내장기관으로 무게 약 1.5kg이고 간 아래쪽 우엽과 방향엽(quadrate lobe) 사이에는 담낭이 붙어있다.

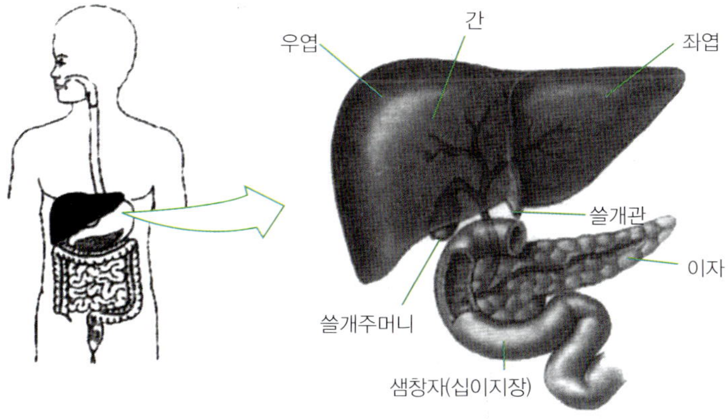

그림 25 간과 쓸개

Memo

Memo

간은 다양한 종류의 효소를 포함하고 있어서 체내의 어떤 장기보다도 많은 기능을 수행한다. 즉, 담즙의 생산, 해독과 이물질 제거, 혈장 단백질의 합성, 탄수화물과 지질의 대사 등 여러 가지 기능을 가지고 있다.

⑤ 담낭

담낭은 간에서 합성된 담즙을 농축, 저장하는 주머니로 용량은 약 40-70ml이다.

담즙은 담낭관과 총담관을 차례로 거쳐 십이지장으로 분비되며 매일 250-1500ml가량의 담즙이 생산되고 담즙의 황갈색은 담즙색소에 의한 "빌리루빈(bilirubin)"이며 이것은 비장, 간, 골수에서 분해되는 헤모글로빈의 햄(heme)으로부터 만들어진다. 담즙은 소장에서 지질을 유화하고 또한 지질과 결합하여 수용성의 미셀(micelle)을 형성하여 지질의 소화와 흡수를 용이하게 만든다.

총담관은 십이지장으로 들어가기 직전에 췌장에서 나오는 췌관과 합쳐지며 십이지장과 연결된 볼록한 부분을 십이지장 유두라고 부른다. 그리고 췌관과 만나는 총담관의 바로 위에 있는 오디괄약근은 소장이 비어있을 때 수축하여 관을 폐쇄하므로 담즙이 십이지장으로 흐르지 않는다.

⑥ 췌장

췌장의 외분비선에서는 알칼리성(pH8정도)인 췌액을 췌관을 통하여 십이지장으로 분비한다.

췌액의 주요성분은 물, 알칼리성의 중탄산이온 및 각종 소화효소이다. 이 가운데 중탄산이온은 위에서 내려온 강산성의 미즙을 중화하고 각종 효소는 소장의 쇄자연 효소와 함께 소화를 최종적으로 마무리 짓는다.

a. 아밀라아제- 탄수화물 분해
b. 트립신- 단배질 분해
c. 리파아제- 지방 분해

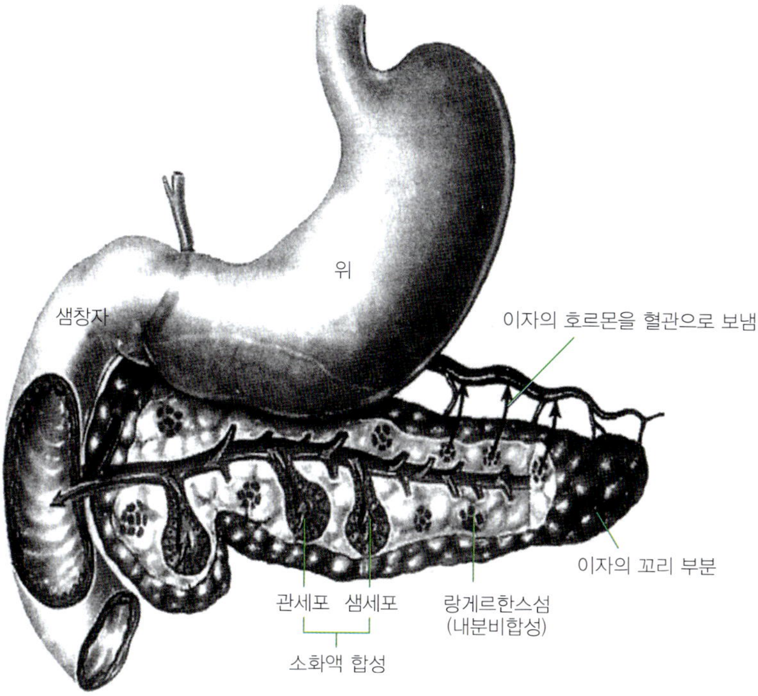

그림 26 내 · 외분비계를 겸하는 이자

⑦ 소장

소장은 길이가 약 6m 굵기는 4cm-5cm정도이다. 소장은 크게 십이지장, 공장, 회장으로 나눈다. 십이지장은 20-30cm이고 공장이 40%, 회장은 60% 정도이다.

음식물의 소화는 췌장액, 담즙, 소장액이 복합적으로 작용하는 소장에서 완료되면 소화산물은 십이지장과 회장에서 일부 흡수 되기도 하지만 주로 융모가 밀집되어 있는 공장에서 흡수된다.

⑧ 대장

대장은 맹장, 결장, 직장으로 되어 있고 길이가 1.5m폭은 7-8cm정도이다.

소장과 맹장사이에는 회맹판(ileocecal valve)이 있어 역류방지를 한다.

Memo

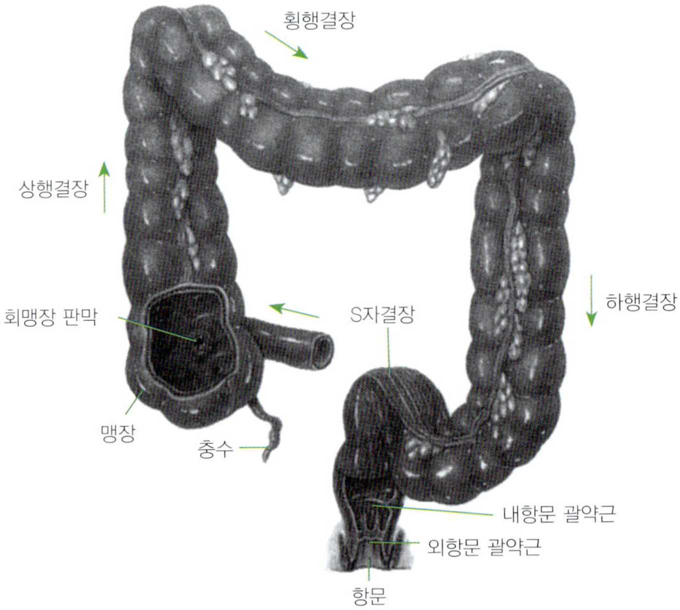

그림 27 큰창자의 구조

4 비타민

비타민은 자연계의 식품 중에 미량으로 함유되어있는 유기화합물인데 인간의 정상적인 생리기능에 필수적인 영양소이다. 비타민은 체내에서 합성되지 않으므로 식품 중에서 충분히 섭취해야 한다.

비타민에는 지용성 비타민과 수용성 비타민으로 나뉜다.

1) 지용성비타민

지용성비타민에는 비타민A, D, E, ,K 등이 있다.

① 비타민A

비타민A는 레티놀과 레티날을 포함하는 물질로 베타카로틴은 비타민A의 전구체로 시각에 중요한 역할을 한다. 동물의 생식 기능을 증진 시키고 상피조직을 유지 하며 부족시 모공각화증, 탈모, 야맹증 등이 나타나며 지용성 항산화제로 인체의 지질부분의 산화 작용을 막으며 항암 효과와 다른 질병들에 대한 저항력을 길러준다. 또한 과다시 칼슘 흡수를 돕는 비타민 D의 기능을 억제하여 관절의 무리가 따른다.

버터, 간유, 난황, 우유, 풋고추, 김, 토마토, 무청, 복숭아, 살구 등에 들어있다.

② 비타민D

칼슘흡수에 필요한 단백질의 합성을 자극하여 장에서 칼슘과 인의 흡수를 촉진 시키며 혈액내 칼슘과 인의 양을 일정 수준으로 유지시켜 뼈에 침착시키는 역할을한다.

따라서 비타민D가 결핍되면 칼슘과 인이 화합물인 인산칼슘이 정상적으로 침착되지 않아 어린이 에게는 구루병, 어른에게는 골다공증과 골연화증이 생기기 때문에 항구루병성 비타민(antirachitic vitamin)이라고 불린다. 모발 재생 효과 있으며 우유, 난황, 간유, 버터 등에 포함되어 있다.

③ 비타민E

항산화제로 세포 내에서 산화되기 쉬운 물질인 세포막을 구성하고 있는 불포화 지방산의 산화를 억제함으로써 세포막의 손상과 나아가서 조직의 손상을 막아주는 역할을 한다. 결핍시 동물에서는 정상적인 성기능이 상실되고 사람에게서는 드물기는 하지만 적혈구의 막이 손상되어 빈혈이 생길 수 있다. 식물성 기름, 두류, 녹황색채소, 난황, 간유에 많다.

④ 비타민K

혈약응고에 필요한 단백질 합성에 필요하며 비타민K가 결핍되면 이들 단백질 합성이 저하되므로 혈액응고에 손상을 주게되어 출혈시 응고작용이 원활치 못하면 사망에 이를 수 있다. 체내에서 아주 적은 양이 합성되기도 하지만 음식물을 통해 섭취해야 한다.

녹황색 채소, 해초 등에 많이 함유되어 있다.

Memo

Memo

2) 수용성비타민

아스코르빈산(ascorbic acid)과 비타민B군을 포함한 비타민이 수용성 비타민이다.

비타민 B군은 체내에 효소 작용을 나타내며 수용성일 부르는 이유는 물에 잘 녹기 때문이다. 수용성 비타민을 과다 섭취해도 세포에 어느정도 저장되고 나머지는 요로 배설된다.

① 비타민B1(thiamine)

피부에 직접 관계는 없으나 부족되면 위장 장애로 국부지체를 일으키는 때가 있다.

부족시 각기병, 다발성신경염, 부종, 심장기능 이상 등을 초래하며 알콜섭취는 비타민B1의 흡수를 방해한다.

돼지고기, 효모, 곡류, 콩류, 녹색채소, 과일, 우유등에 포함되어있다.

② 비타민B2(riboflavin)

미용비타민이라고 하며 리보플라민은 광선이나 자외선에 의해 파괴되므로 주의하여야 한다. 결핍시 피부와 모발의 신진대사가 나빠지고 탈모, 피부염, 구순구각염, 충혈, 설염, 각막염 등을 초래 한다.

③ 비타민B3(niacin nicotinic acid, niacinamide)

산화환원효소의 보조효소 및 에너지 대사에서 중요한 보조효소 역할을 하는 비타민이다. 나이아신이 에너지대사에 미치는 영향이 크므로 결핍은 체내 여러기관 특히, 피부, 소화기관, 신경계에 커다란 영향을 미친다. 또한 나이아신과 단백질 섭취가 장기간에 걸쳐 부족될 때는 펠라그라라 피부병을 유발한다.

조기, 연어, 소고기, 돼지고기, 무청, 싸리버섯, 완두콩 등에 함유 되어있다.

④ 비타민B5(pantothenic caid)

판테논산은 거의 모든 식물, 세균 및 동물에서 발견되며 식품에 광범위하게 분포되어 있어 심각한 영양결핍의 경우에만 결핍증이 일어나며 항스트레스 호르몬으로 부신 호르몬의 생성에 중요한 역할을 한다.

그리고 판테논산은 코엔자임 A(CoA)를 형성, 지방산의 산화에서 중요한 역할을 한다.

부족시 소화성 궤양, 위하수, 빈혈, 저혈압 등이 생긴다. 따라서 비타민B5는 스트레스성 질병의 예방에 좋으며 흰머리 예방에 도움이 된다.

식품으로는 난황, 계란, 소고기, 동물의 간, 쌀눈, 버섯, 대두, 현미 등에 함유되어 있다.

⑤ 비타민B6(pyridoxine)

아미노산 대사에 밀접한 관련이 있는 비타민B6는 결핍시에는 피지분비를 촉진 여드름, 피부염증 등의 반응을 보인다. 따라서 지루성 피부에 좋은 비타민이다.

소고기, 닭고기, 돼지고기, 동물의 간, 보리, 밀, 참깨 등에 포함되어 있다.

⑥ 비타민B7(biotin, 비타민H)

삼대 영양소의 대사 과정에 중요한 전달 물질의 역할을 하는 비타민으로 부족시에는 피부습진, 피부비늘, 지성피부, 탈모, 메스꺼움, 구토, 권태, 근육통, 식욕부진, 피로 등을 유발한다.

특히 모유에는 이 비타민이 거의 없기 때문에 주의해야 한다.

치즈, 간, 효모, 연어, 대두, 견과류, 고구마 효모 등에 함유되어 있다.

⑦ 비타민B8(folic acid 비타민M)

시금치에서 처음 분리된 이 비타민은 세포성장 및 분열을 촉진하는 작용을 하며 건강한 모발, 피부, 신경, 점막, 혈액 모두에 중요하다. 면역기능을 도와주고 동맥경화와 점막의 암에 도움을 줄 수 있다.

동물의 간, 계란, 시금치, 오렌지 쥬스, 참깨 등에 함유되어 있다.

Memo

Memo

⑧ 비타민B12(cobalamin)

비타민중 가장 복잡하며 동식물은 전혀 합성 하지 못하고 미생물만이 합성 할 수 있다. 이 비타민은 소장 끝의 회장에서 당단백질과 칼슘이 존재하에 흡수된다. 결핍시에는 악성빈혈이 올수 있고, 피부가 거칠어지며 쉽게 피곤함을 느끼게 된다. 특히 채식을 주로하는 사람들에게 결핍이 오기 쉬우며 두피건강에 많이 필요한 비타민이기도 하다.

대합, 가다랭이, 굴, 정어리, 효모 등에 함유되어 있다.

⑨ 비타민C

구용성 항산화제로 산화를 방지하며 콜라겐 합성으로 조직세포를 결합시켜주며 뼈, 연골, 치아, 결체조직, 피부등에 많이 필요하다. 아미노산 대사에도 관여하다.

부족시

콜라겐형성 저하

면역체계 손상

혈관벽 약화

신체출혈, 치아와 잇몸 구조 변화

빈혈

괴혈병

피부병 등을 유발 탈모에도 영향을 준다. 조직내 비타민C 함량이 높으면 저항력도 증진된다.

신선한 채소와 과일에 풍부하며 열가열시 파괴된다.

감귤류, 오렌지, 레몬, 아세로라, 파슬리, 딸기 등에 많이 함유 되어 있다.

⑩ 비타민F

필수지방산의 항피부염 인자이며 리놀산, 리놀렌산, 아라키돈산 등의 지방산으로 식물성 기름에 많이 함유되어 있고 모발이나 피부에 윤기를 준다. 또한 콜레스테롤의 농도를 낮준다

⑪ 비타민P (bioflavonoids)

비타민 C의 흡수를 돕고 산화 방지 작용을 한다. 모세혈관의

강도를 증대시켜 모유두에 원활한 영양을 공급한다. 감귤에 많이 함유되어있다.

Memo

5 무기질(미네랄)

인체의 구성 성분 중에서 무기질은 체중의 약 4%를 차지하고 나머지 96% 중에서 탄수화물, 지방, 단백질고 같은 대량 영양소가 30% 정도이며 55-65%의 물과 적은량의 비타민으로 구성된다.

무기질은 신체내 존재하는 양을 근거로 거대무기질과 미량무기질로 분류한다

1) 거대무기질(macromineral)

칼슘, 인, 나트륨, 염소, 칼륨, 마그네슘, 황 등 제충의 0.05% 이상의 상당량이 발견된다.

2) 미량무기질(micromineral)

철, 요오드, 망간, 구리, 아연, 코발트, 불소 등은 체내 소량 존재한다. 이러한 미네랄은 우리 몸안에서 생산할 수 없기 때문에 반드시 식품을 통해서 공급해야 한다.

3) 미네랄의 기능

① 대사기능
② 에너지의 생성
③ 성장
④ 질병의 치유 및 효소의 작용

Memo

4) 미네랄의 종류

① 칼슘(calcium, Ca)

무기원소인 칼슘은 우리몸 안에서 골격이나 치아의 형성, 혈액의 응고, 근육의 수축과 이완, 신경전달 작용, 비타민 B12D의 흡수 촉진 등의 역할을 한다. 탈모에서도 중요한 성분이다.

육류, 난류, 어패류, 곡류, 두류, 감자, 야채, 해조류 등에 함유 되어 있다.

② 인(phosprorus, P)

골격과 치아의 형성, 세포막 등의 신체 필수물질의 구성, 영양소의 흡수와 운송, 열량대사에 필수 물질, 산, 염기의 균형조절에 사용된다. 대부분의 식품에 광범위하게 함유해 있기 때문에 결핍되는 경우는 거의 존재 하지 않는다.

우유와 유제품에 함유 되어 있다.

③ 마그네슘(mgnecium, M)

신체 내에서 인과 결합 대부분 뼈 속에 존재하는 마그네슘은 효소반응의 촉매, 신경의 자극 전달 작용, 근육이완 등의 업무를 담당한다. 부족시 근육수축과 신경의 불안정, 떨림 등의 증상을 보이며 스트레스가 심한 상황에서는 적절한 마그네슘의 섭취가 증상을 개선 해 줄 수 있다.

견과류, 코코아, 대두, 통밀등에 포함되어 있다.

④ 나트륨(sodium, Na)

세포외 액의 중요한 양이온으로서 체내에 많은 무기질 중의 하나인 마트륨은 성인의 체내에 존재하는 약 90% 중에서 약 1/3은 뼈에 존재하며 2/3은 세포외액, 특히 대부분 혈장에 잇으며 그 외 신경조직과 근육에 존재한다.

나트륨의 농도 변화는 삼투 현상에 의해서 물을 신체의 한 부분으로으로부터 다른 부분으로 순환 시키는데 결정적인 역할을 한다.

육류, 생선, 닭고기, 곡류, 콩류, 견과류, 괴일, 야채에 함유되어 있다.

⑤ 칼륨(potassium, K)

칼륨은 세포내액의 양이온으로서 세포 외의 나트륨과의 정상적인 삼투압과 물의 균형을 유지하고 세포액의 보전을 유지하기위한 기능을 한다.

산, 염기 균형에 영향을 주며 신경의 흥분성과 자극, 전기 화학적 충격의 전달, 근육섬유의 수축등을 조절한다.

부족시 권태감, 근육의 약화로 피부와 두피의 탄력을 잃는다.

육류, 어패류, 콩류, 곡류, 바나나, 녹황색 야채에 함유되어 있다.

⑥ 염소(chloride, Cl)

나트륨과 함께 세포외액에서 물의 균형과 삼투압의 조절을 도우며 체액의 pH를 일정하게 하는 역할을 하는 염소는 또한 위에서 염산을 만들 때 쓰여 음식물의 소화를 돕는 역할을 한다. 적절한 염소의 양이 부족하면 우리가 섭취한 다른 음식물의 소화흡수가 어렵게 된다.

육류, 생선, 닭고기, 달걀, 곡류, 콩류등에 함유 되어 있다.

⑦ 황(sulfur, S)

조직의 호흡작용, 생물적 산화 과정에 관여하는 황은 모든 세포 네에 존재하며 일반적으로 세포단백질의 구성 성분 이다.

아미노산인 티오닌과 시스테인, 헤파린, 인슐린, 티아민, 리포산, 비오틴, 조효소 A의 성분이고 모발과 피부를 이루는 케라틴 단백질의 성분으로 건강한 모발의 형성을 위해서는 꼭 필요하다. 또한 우리 몸에 들어온 독성물질들은 황산염과 결합, 체외로 배설되므로 해독작용에도 널리 쓰인다. 치즈, 살코기, 유제품, 조개, 콩류 등에 함유되어 있다.

⑧ 미량무기질

미량무기질은 하루 식사 속에 1000mg이하의 매우 작은 양이 필요하다. 미량원소 중에서 보통 열가지가 필수적이라 알려

Memo

져 있다

a. 붕소(boron)

붕소는 건강한 뼈와 근육의 성장을 위해 소량을 필요하다. 이것은 인체 내에서 천연 스테로이드복합체의 생산을 조력해준다. 또한 칼슘, 인 그리고 마그네슘의 신진대사 작용에 필요하다. 사과, 당근, 포도, 암녹색 잎 채소, 신선한 견과류, 배등에 함유되어 있다.

b. 크롬(chromium)

크롬은 포도당의 신진대사에 관여하기 때문에 에너지 생산을 위해 필수적이다. 그리고 콜레스테롤, 지방, 단백질 합성에도 필요하다.

크롬의 결핍증상은, 걱정, 피로감, 포도당 불관용(intolerance), 아미노산의 부적절한 신진대사 작용, 동맥경화증의 증가 등을 가져온다. 과도한 복용은 크롬독성을 유발시킬 수 있어서 피부염, 신장과 간의 손상, 위궤양 등이 생길 수 있다.

맥주, 효모용 이스트, 현미, 치즈, 말린콩, 계란, 버섯, 감자등에 함유 되어 있다.

c. 구리(cupper/Cu)

구리는 뼈, 헤모글로빈, 적혈구 세포들의 형성을 돕고 아연과 비타민C의 균형을 맞춰주어 연결조직의 주요 단백질인 콜라겐과 엘라스틴 형성에 관여한다.

상처치유 과정에 관여하며 에너지 생산, 모발과 피부색소, 그리고 맛의 민감함에도 관여한다. 또한 건강한 신경과 관절을 위해서도 중요하게 사용된다.

결핍으로는 골다공증, 빈혈, 대머리, 설사, 허약함, 호흡장애, 피부종기 등이 발생한다.

또 구리 결핍은 혈액의 지방 수준을 증가시켜 준다.

아몬드, 아보카도, 보리, 콩류, 브로콜리, 마늘, 견과류, 간, 버섯등에 함유되어 있다.

d. 게르마늄(germanium)

게르마늄은 세포의 산소공급을 증가시킨다. 통증을 완화시켜주고 면역계가 적절히 작용하도록 유지시켜 주며, 인체로부터 독소들을 제거 시켜준다.

브로콜리, 셀러리, 버섯, 우유, 양파, 대황, 토마도쥬스 허브알로에 인삼등에 포함되어 있다.

e. 요오드(iodine)

요드는 과도한 지방 대사를 도우며 갑상선종의 예방을 비롯해 건강한 갑상성 기능을 위해 필요하며 신체적, 정신적 발달에도 중요한 작용을 한다.

요오드 결핍은 유방암의 발생과 관련 있고 피곤함, 몸무게 증가, 갑상선 기능 부전등의 문제를 발생시키며 과도한 복용은 갑상선 호르몬의 분비를 억제 하고 구강에서 금속성 맛이 느껴지고 염증등의 상처가 생길 수 있다.

해산물, 바닷 물고기, 미역, 마늘, 버섯, 참깨, 시금치에서도 발견된다.

f. 철(ferrum/Fe)

철은 필수 미네랄이기는 하지만 독성이 있는 미네랄이기도 하다. 인체 음식에서의 철 주요출처는 육류이다. 그래서 지구상에서 20억에 해당하는 인구가 철의 섭취가 부족하다.

철 섭취가 낮으면 빈혈, 면역기증 장애, 임신시 합병증이 생길 수 있다. 아이들에게 철의 결핍은 인지 기능 장애를 유발 한다. 일 권장량은 남 10g, 여 15mg이다.

또한 철은 인체에 축적되기 때문에 과도한 철의 복용이 문제된다. 조직과 기관에 철이 너무 많이 축적되어 있으면 프리라디칼을 생산하여 비타민 E의 필요량을 증가시키는 결과를 초래한다. 철의 함량이 높으면 심장 질환과 암의 발생과도 관련이 있다.

계란, 물고기, 간, 육류, 곡물, 빵, 아몬드, 아보카도, 복숭아, 배 등에 함유되어 있다.

g. 망간(manganse/Mn)

소량으로 단백질과 지방대사, 건강한 신경, 건강한 면역체, 혈당조절을 위해 필요하다.

망간은 에너지 생산에 이용되고 정상적인 뼈 성장과 재상산에 필요하다. 뼈의 합성과 더불어 연골과 관절액인 활액의 형성에도 필수적으로 사용된다. 또한 철의 결핍으로 빈혈이

Memo

Memo

잇는 화자에게는 꼭 필요하며 비타민 B1과 E의 활용에도 조력 작용을 한다. 그리고 비타민 B복합체와 협력작용을 하여 종합적으로 건강이 향상되는 느낌을 주고 모유 형성을 도와 모유분비에도 도움을 준다. 여러 효소의 생산에 중요한 작용을 하는데 퓨린을 대사 작용하는 효소와 항산화 효소인 SOD의 생산에 관여한다.

결핍되면 동맥경화, 심장질환, 고혈압, 정신혼란, 기억력 손상, 근육경련과 수축, 안구 및 청각 장애 가 발생하며 아보카도, 견과류, 해조류, 곡식류 등에 함유되어 있다.

h. 몰리브덴(molybdenum/Mo)

필수 미네랄인 몰리브덴은 질소의 신진대사 작용에 아주 소량 필요하다. 이것은 퓨린을 요산으로 변환시키는 마지막 단계에서 조력작용을 한다. 정상적인 세포 기능을 촉진시키고 일부 효소의 활성을 도와주기도 한다. 몰리브덴은 간, 뼈, 신장에서 발견되는데 뼈의 성장을 돕고 이를 튼튼하게 하도록 도와준다.

결핍시 구강과 잇몸질환, 그리고 암의 발병과 관련이 있다. 특히 나이든 사람에게서의 결핍은 무기력을 유발시키고 가공식품을 많이 먹는 사람에게는 결핍의 위험이 높다.

콩류, 소의 간, 곡류, 배등에 함유되어 있다.

i. 셀레늄(selenium/Se)

셀레늄의 기본적인 기능은 지질의 산화를 방어해주는 것이다. 매우 활성적인 항산화제로서 특히 비타민 E와 결합되었을 때 효과가 증폭 된다. 이것은 인체를 손상시킬 수 있는 프리라디칼의 형성을 예방함으로서 면역계를 보호해 준다. 셀레늄은 지방신진대사에 관한 갑성선 호르몬의 영향을 조절하는데 매우 중요한 역할을 하며 항암제로서도 그 효능이 인정되었다.

비타민 E는 서로 공력작용을 하여 항체의 생성에 도움을 주고 건강한 심장과 간의 유지에 도움을 준다. 이 미량원소는 췌장의 기능과 피부의 탄력을 위해서도 필요하다

또한 비타민 E와 아연과 함께 결합하면 전립선 비대증도 완화 시켜주는 작용을 한다.

결핍시 암과 심장병의 발생과 관련이 있으며 피로감, 성장장애, 간의 손상, 췌액의 부족이 발생할 수 있다. 과잉복용시 관절염, 소톱의 무름, 호흡시 마늘 같은 냄새, 우장장애, 탈모, 신경불안, 간과 긴장의 손상, 피부염증, 치아 소실, 누르스름한 안색과 같은 문제가 발생한다. 견과류, 이스트, 브로콜리, 현미, 치킨, 마늘, 미역, 연어, 해산물, 밀가루, 곡류 등에 함유되어있으며 레몬그라스, 페퍼민트, 로즈힙, 라스베리 등에도 있다.

j. 실리콘(silicone/Si)

실리콘은 지구상에서 산소 다음으로 두번째로 풍부한 성분이다. 뼈와 연결조직을 위한 콜라겐의 형성에 필요하며 건강한 손톱, 피부, 모발, 뼈 등의 형성 초기 단계에서 칼슘의 흡수작용을 돕기 위해 필요하다. 이것은 유연한 동맥 혈관들의 유지를 위해 필요하고 심장 혈관 질환을 예방 하는데 중요한 역할을 한다. 실리콘은 인체에서 알루미늄의 효과를 반감시키고 알츠하이머병과 골다공증 예방에 중요한 작용을 한다. 또한 면역계를 촉진시키고 조직에서의 노화과정을 억제한다. 인체에서의 실리콘 수준은 노화와 더불어 감소되어 나이든 사람에게는 많은 양이 필요하다.

자주개나리, 근대, 현미, 콩류, 녹색 잎 채소 등에 함유되어 있다.

k. 황(sulfur/S)

산을 형성하는 미네랄로 혈액에 살균효과를 주고 인체가 박테리아로부터 저항 하도록 도와주며, 세포의 원형질을 보호하는 작용을 한다. 인체에서 필요한 산화반응에 조력작용을 해주고 담즙의 분비를 촉진시켜주며 녹소물실에 대한 보호 작용도 한다. 방사선, 오염 등과 같은 해로운 물질에 대해 인체를 보호해 주기 때문에 황은 노화 과정을 지연 시켜주는 효능이 있다.

신체 모든 피부 조직에서 발견되며 피부구조의 보존을 위해 가장 중요한 단백질인 콜라겐의 합성을 위해 필요하다.

건조 콩류, 양배추, 계란, 물고기, 마늘, 육류 등에 함유되어 있다.

Memo

원소	채내 분포	기능	급원	결핍증
철(Fe)	체중(kg)당 45mg	혈색소의 구성 요소로서 산소 운반 및 탄산가스 제거, 산소 이용에 관계되는 효소의 구성체, 흡수되지 않는 것은 장에서 배설, 흡수된 것은 여러 번 사용할 수 있다.	간, 유색채소, 어류, 육류, 말린 과일	헤모글로빈의 생성이 감소되고, 빈혈을 일으킨다. 창백, 무력감, 모유두에 공급되는 산소 등의 부족으로 탈모를 일으킨다.
요오드(I)	15~30mg 갑상선, 근육, 피부	갑상선 호르몬의 합성, 기초 대사율 조절, 성장, 생식, 세포대사에 관련	해조류	갑상선종, 크레틴종 모발을 약하게 하여 탈모 진행
아연(Zn)	1.5~2.0g 거의 모든 조직 내 분포	탄수화물, 단백질 대사와 관련된 효소에 필요, DNA 및 RNA 합성, 콜라겐 형성, 탄산가스 제거	굴, 간, 육류, 달걀, 두류	성장지연, 식욕감퇴, 성적 성숙의 지연, 우울증, 면역구조의 결핍, 상처 회복 지연, 두피염증, 탈모
구리(Cu)	75~150mg 간, 뇌, 심장, 신장	헤모글로빈 합성, 뼈의 석회화, 효소기능	굴, 간, 채소류, 과일류, 종실류	빈혈, 골격형성의 이상, 성장 지연
셀레늄(Se)	1.5mg 간, 신장, 심장, 비장	글루타티온과 산화효소의 구성, 항산화제, 세포막 유지	토양에 따라 각 곡류의 함유량이 다름, 내장 성분	성장지연, 근육의 통증, 피부발진
망간(Mn)	20mg 뇌하수체, 신장, 간, 뼈, 췌장	열량 및 단백질 대사 관련 효소	통밀류, 견과류, 종자류	성장지연, 생식부전, 골격 이상
크롬(Cr)	6mg 피부, 뇌, 부신, 근육	포도당 대사, 인슐린 호르몬과 관련	녹색잎 채소, 곡류, 효모	당질대사의 이상, 성장지연, 구토, 메스꺼움
몰리브덴(Mo)	조직의 마른 무게당 0.1~3ppm, 간, 신장, 뼈, 피부	요산대사에 관련되는 효소에 필요	내장 성분 곡류, 두류	드물다
불소(F)	골격, 치아	충치방지	불소 첨가 음료, 차	충치

Memo

l. 바나듐(vanadium/V)

바나듐은 세포의 신진대사작용에 사용되며, 뼈와 치아의 형성을 위해서도 필요하다. 싱장과생식에 중요한 작용을 하고 콜레스테롤 합성을 억제한다. 이것은 인슐린 활용을 개선하여 포도당의 내성(tolerance)을 향상시킨다. 바나듐 결핍은 심혈관계와 신장의 질환, 생식능력의 손상, 태아의 치사율 증가와 관련이 있다고 한다.

이 미네랄은 인체에 쉽게 흡수되지 않으며 운동선수들은 일반인보다 많은 양을 필요로 한다.

m. 아연(zinc/Zn)

필수미네랄인 아연은 인체에서 최소한 300여 가지의 단백질들의 활성 구성인자로서 활동한다. 100개 이상의 DNA 접착돌기들에 아연이 함유되어 있으며 SOD효소는 아연과 철을 둘 다 함유하고 있고 에스트로겐 수용기들도 아연을 함유하고 있다.

신경전달을 위해 시냅스 전달과 신경의 접합 부분에도 아연이 사용되고 전립선 기능과 생식기관의 성장에도 매우 중요한 역할을 한다. 또한 여드름의 생성을 예방하고 피지선의 활동을 조절해 준다. 그리고 단백질 합성과 콜라겐 형성에 필요하며 건강한 면역 시스템을 유지시켜주고 상처치유를 촉진 시켜준다.

결핍시 신생아의 성장과 발전을 둔화시키고 식도 종양에도 연관이 있다.

아연의 주요 출처중의 하나가 육류이고 식물도 훌륭한 공급원이다. 해조류, 미역, 계른노른자, 물고기, 굴, 버섯, 호박등 다양하나.

5) 물

물은 인간의 생명을 유지하기 위한 가장 중요한 환경적 요소로서 모든 조직의 기본 성분일 뿐 아니라 체조직을 구성하는 성분 중 2/3를 차지한다.

Memo

Memo

물은 체내 영양소와 노폐물의 운반, 체온조절, 소화작용을 돕거나 외부 또는 내부 충격으로부터 장기를 보호하는 역할을 한다.

6 미네랄 테스트

모발은 머리를 보호하는 기능외에도 신체에 불필요한 수은, 비소, 납 등의 중금속을 체외로 배출하는 기능도 있다. 이런 모발의 기능을 이용한 검사가 바로 미네랄 테스트로 탈모가 되는 원인을 찾아내기 위하여 체내의 중금속 축적량과 미네랄의 적절한 균형을 체크하여 어떤 미네랄의 많고 적음에 의해 탈모가 일어나는지 알아보는 검사를 말한다.

1) 미네랄 테스트 방법

모발을 채취하야 분석하는데, 이때 모발 채취하는 방법은 아래 그림과 같다.

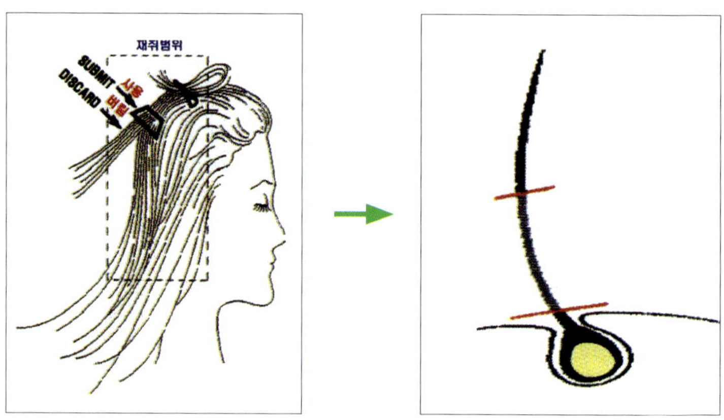

그림 28 모발 채취 방법

2) 미네랄 테스트 결과

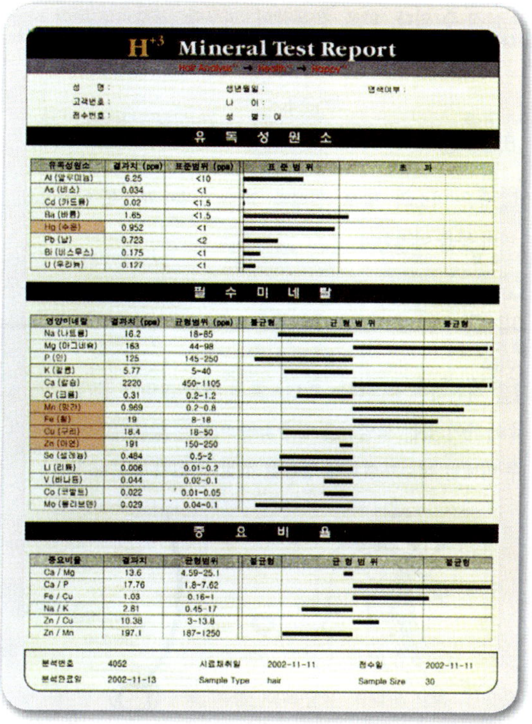

H+3 Mineral Test Report

Hair Analysis → Health → Happy

성 명 : 생년월일 : 염색여부 :
고객번호 : 나 이 :
접수번호 : 성 별 : 여

유 독 성 원 소

유독성원소	결과치 (ppm)	표준범위 (ppm)	표 준 범 위	초 과
Al (알루미늄)	6.25	<10		
As (비소)	0.034	<1		
Cd (카드뮴)	0.02	<1.5		
Ba (바륨)	1.65	<1.5		
Hg (수은)	0.952	<1		
Pb (납)	0.723	<2		
Bi (비스무스)	0.175	<1		
U (우라늄)	0.127	<1		

필 수 미 네 랄

영양미네랄	결과치 (ppm)	균형범위 (ppm)	불균형	균 형 범 위	불균형
Na (나트륨)	16.2	18-85			
Mg (마그네슘)	163	44-98			
P (인)	125	145-250			
K (칼륨)	5.77	5-40			
Ca (칼슘)	2220	450-1105			
Cr (크롬)	0.31	0.2-1.2			
Mn (망간)	0.969	0.2-0.8			
Fe (철)	19	8-18			
Cu (구리)	18.4	18-50			
Zn (아연)	191	150-250			
Se (셀레늄)	0.484	0.5-2			
Li (리튬)	0.006	0.01-0.2			
V (바나듐)	0.044	0.02-0.1			
Co (코발트)	0.022	0.01-0.05			
Mo (몰리브덴)	0.029	0.04-0.1			

중 요 비 율

중요비율	결과치	균형범위	불균형	균 형 범 위	불균형
Ca / Mg	13.6	4.59-25.1			
Ca / P	17.76	1.8-7.62			
Fe / Cu	1.03	0.16-1			
Na / K	2.81	0.45-17			
Zn / Cu	10.38	3-13.8			
Zn / Mn	197.1	187-1250			

분석번호	4052	시료채취일	2002-11-11	접수일	2002-11-11
분석완료일	2002-11-13	Sample Type	hair	Sample Size	30

7 탈모예방을 위한 식이요법

모발의 주성분인 동물성 단백질 식품으로 육류, 어패류, 우유, 달걀과 B2 식품인 난황, 생선 알, 간, 시금치, 효모, 토마토, 메주, 콩 등을 많이 섭취한다. 그리고 가공식품, 향신료, 동물성 지방 등을 피하고 단백질과 신선한 녹황색 야채류와 과일을 충분히 섭취한다. 피해야 할 식품을 살펴보면

① 라면, 햄버거등 인스턴트 식품
② 술,담배
③ 매운고추 및 자극적인 식품
④ 단음식
⑤ 동물성 지방 함유 식품

Memo

Report

영양소가 왜 중요하며 그로 인한 탈모에 대해 각자 의견을 발표하여 영영소의 중요성에 대해 익힌다. 탈모예방에 좋은 음식 및 비타민, 미네랄에 대해 각자 조사해 온다.

Chapter V 두피관리

1 두피관리의 개념

두피, 모발의 정상적인 성장과 탈락의 과정이 원만히 이뤄어져 건강한 두피모발을 유지하도록 관리하는 것을 의미한다. 즉 내외적인 요인으로 두피의 각화주기 변화, 피지의 과도한 생성, 피지로 인한 염증 및 각종 트러블, 비듬등 두피에 문제가 생겼을 경우 두피관리를 통해 정상화시켜 건강한 두피로 회복시키고 또 문제 발생의 방지 및 예방이라 할 수 있다.

2 두피관리의 목적

인체는 끊임없는 생리 활동으로 세포의 생성과 탈락의 과정을 거친다. 그러나 나이가 들수록 생리활동은 저하되고 인체 모든부분이 노화 되기 시작한다.

젊었을 때 부터 피부관리를 꾸준히 한 사람은 나이가 들어도 젊게 보이듯이 정기적인 두피관리를 한사람의 두피 모발은 나이가 들어도 건강하다. 건강도 건강할 때 지켜야 하듯이 평소 두피 관리에 관심을 가진다면 오랫토록 건강한 두피와 모발을 간직할 수 있다.

Memo

❸ 두피손상의 원인

두피손상은 내적인 요인과 외적인 요인이 있다.

1) 외적인 요인

외적인 요인으로 두피손상을 가져오는 것으로 물리적, 화학적, 환경적 요인으로 구분된다.

① 물리적 요인

옳바르지 못한 샴푸법, 심한 마사지의 자극, 뜨거운 드라이 등은 두피를 손상시킨다.

② 화학적 요인

펌제, 탈색제, 염색제 등은 여러가지 화학물의 집합으로 두피에 굉장한 자극을 가져온다.

따라서 두피에 심한자극은 두피의 각화를 파괴시키고 급기야 두피의 예민화를 발생시켜 작은 자극에도 민감한 반응을 나타내기도 하고 모발도 화학적 처리로 예민화 내지 변성되어 결국 두피와 모발에 악영향을 끼치므로 잦은 화학적 시술은 삼간다.

③ 환경적 요인

오염된 환경속의 공기, 물, 각종 가스 등으로 두피와 모발에 영향을 끼칠 수 있다.

2) 내적인 요인

내적인 요인으로는 호르몬 불균형, 식생활, 소화기이상, 스트레스 등 인체생리적측 측면에 기인하므로 개인의 건강상태와 식습관 등 라이프 스타일이 중요한다.

4 두피관리의 과정

두피관리의 과정으로는 보편적으로 상담, 진단, 프로그램설정, 마사지, 스케일링, 샴푸, 트리먼트, 마무리 순으로 행해진다.

1) 상담

고객과의 1:1 면담으로 조용한 상담실에서 고객이 최대한 편안한 상태에서 상담을 하며 너무 길지 않게 20분 정도가 적당하다

2) 진단

시진, 촉진, 검진, 그리고 문진으로 카드에 정확한 사항을 기록한다.

3) 프로그램설정

고객의 상태에 따른 적절한 프로그램을 메뉴얼하여 카드에 잘 기록해 둔다.

4) 마사지

대부분 본격적인 관리가 들어가기전에 고객의 안정과 두피와 관련된 근육이완에 목적을 둔다. 우선 승모근과 흉쇄유돌근을 아로마 오일로 가볍게 취해 부드럽게 마사지 한다.

이때 심장박동의 리듬을 가진 뮤직 테라피도 도움을 줄 수 있다.

5) 스케일링

스케일링은 두꺼운 각질과 이상화된 각질의 정리에 목적을 두어

Memo

2차 시술의 도움을 주기 위한 단계이다. 두피상태에 따라 스티머의 적절한 사용과 더불어 효과를 더 높일 수 있다.

특히 민감하고 예민한 두피에는 스케일링보다는 보습에 목적을 두어 건강한 두피회복을 위해 신경을 쓴다.

6) 샴푸

세정단계인데 각 두피 타입별 샴푸로 적당한 압의 지문을 이용한 부드럽고 경쾌하게 시행한다. 단 샴푸의 거품을 충분히 낸 후 적당한 자극으로 두피와 모발을 3-5분정도 마친다. 샴푸를 두피에 오래 두면 두피에 자극을 주어 민감화 될 수 있기 때문이다.

7) 트리트먼트

모발에는 모발에 적당한 트리트먼트를 취한 후, 드라이를 하고 두피에는 두피 타입에 맞는 앰플을 이용해 도포한다. 이때 두피에 영양이 깊이, 빨리 투입되도록 적외선을 이용하는 것도 좋은 방법이다.

8) 마무리

브러쉬로 모발을 정돈하고 어깨에 가벼운 마시지로 마무리를 하며 고객에게 홈케어법을 상세히 주지 시킨다. 메모를 해주는것도 좋은 방법이다.

5 두피 타입별 판독 및 매뉴얼

두피타입별 메뉴얼을 작성하는 것은 두피관리의 가장 중요한 부분이기도 하다. 각 개인별 두피타입을 판독하고 그에 따른 관리법을 메뉴얼화하여 고객관리 자료로 활용하게 된다.

1) 정상두피

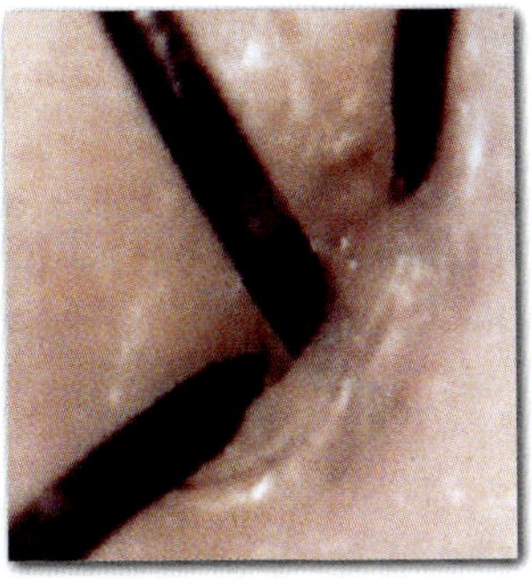
정상두피

가장 이상적인 상태의 두피로 수분와 유분의 발란스가 균형을 이루며 전체 두피가 맑고 깨끗하며 동일한 톤을 이루고 있는 두피타입이다. 따라서 현재의 상태를 유지하여 주는 것이 중요하며 고객의 라이프 스타일에 문제 없는지 살펴보고 잘못된 부분을 지적해 준다.

메뉴얼

① 브러싱
▼
② 스케일링도포
▼
③ 마사지
▼
④ 스티머
▼
⑤ 샴푸
▼
⑥ 수분앰플
▼
⑦ 적외선
▼
⑧ 마무리

Memo

Memo

2) 건성두피

두피에 유수분의 균형이 깨어져 건조한 상태로 각질이 일어나고 가려움증이 유발되기 쉬운두피이다. 외부 물리적 화학적 자극 요인이 크다.

따라서 과도한 드라이, 잦은 펌, 염색은 피하는 것이 좋으며 라이프 스타일에서 음식의 식단에관한 균형있는 영양 섭취를 권유한다.

건성두피

메뉴얼

① 브러싱
▼
② 스케일링도포
▼
③ 마사지
▼
④ 스티머
▼
⑤ 샴푸
▼
⑥ 건선용앰플
▼
⑦ 적외선
▼
⑧ 마무리

3) 지성두피

피지신의 활발한 작용으로 피지가 많은 두피이며 비듬, 염증, 탈모로 이어질 수 있는 두피이므로 주의를 요한다. 내적 요인이 크다 할 수 있으므로 호르몬의 불균형, 유전적 요인, 약복용, 병적요인이 있는지를 체크한다. 또한 동물성 지방섭취를 줄일수 있도록 지적해 준다.

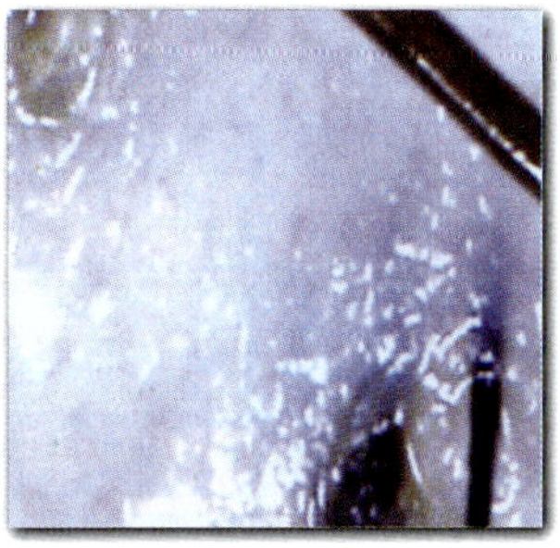
지성두피

특히 샴푸시 두피에 강한 자극은 피비분비를 촉진케 하므로 가벼운 테크닉을 구사한다.

메뉴얼

① 브러싱
▼
② 스티머
▼
③ 스케일링도포
▼
④ 마사지
▼
⑤ 스티머
▼
⑥ 샴푸
▼
⑦ 지성앰플
▼
⑧ 적외선
▼
⑨ 마무리

Memo

Memo

4) 민감성두피

예민성 두피라고도 하며 두피가 전체적으로 얇아 적은 자극에도 이상을 나타내는 두피로 모세혈관이 보이는 상태가 많다. 따라서 최소한의 자극을 요하며 심신의 안정이 요구되며

정신적, 물리적, 화학적 자극에 의한 결과일 수 있으므로 문진이 중요하다.

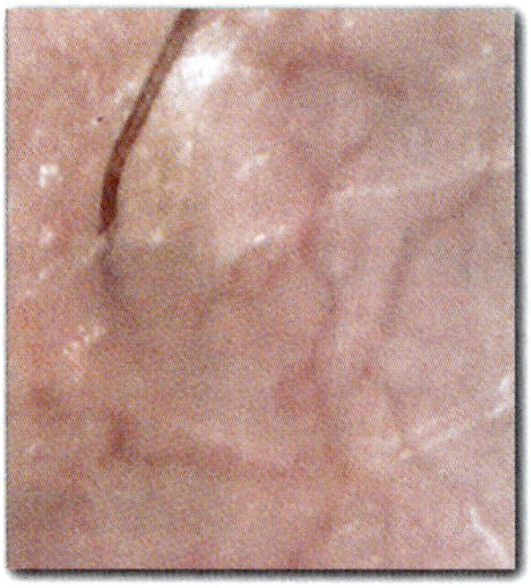
민감성두피

메뉴얼

① 브러싱
▼
② 마사지
▼
③ 스티머
▼
④ 샴푸
▼
⑤ 민감성앰플
▼
⑥ 적외선
▼
⑦ 마무리

5) 비듬성두피

비듬생성 요인으로는 물리적, 화학적 자극과 내적요인, 잘못된 라이프 스타일 등이 있으며 두피에 따라 건성비듬과 지성비듬, 혼합비듬이 있다.

따라서 자연발생적 비듬인지 병적, 말라세시아균에 의한 비듬인지를 살펴보고 심할 경우 병원처방이 요구된다.

따라서 고객의 청결한 습관이 중요하며 식습관 또한 중요하다.

지성두피

메뉴얼

① 브러싱
▼
② 스티머
▼
③ 스케일링도포
▼
④ 마사지
▼
⑤ 스티머
▼
⑥ 비듬용샴푸
▼
⑦ 비듬용앰플
▼
⑧ 적외선
▼
⑨ 마무리

Memo

Report

서로 두피를 관찰하여 두피타입을 판독해보고 매뉴얼을 작성해 본다.

Chapter

VI 상담

1 상담의 정의

상담은 두피관리사(trichologist)의 가장 중요한 부분이며 상담은 고객의 문제점을 잘들어주고 이해하면서 질문과 더불어 무엇이 문제인지, 고객의 어떠한 점이 문제를 야기 시켰는지에 대한 해답을 찾는 과정이다.

1) 사전적 의미

본원적 의미의 상담이란 도움이 필요한 사람이 전문적 지식과 교육을 받은 사람과의 관계를 통해서 자기의 생활과 문제를 해결하고 생각, 감정, 행동측면의 발전적 차원을 위해 노력하는 과정을 말한다.

2) 두피관리 차원의 상담

두피 관리시에게 카운슬링의 의미는 고객과의 1:1 대화과정을 통하여 고객의 두피및 모발에 대한 문제점을 라이프스타일이나 건강상태를 체크하여 고객에게 두피관련의 문제점에 대한 해결 방안을 제시하고 행동으로 옮길수 있도록 도와주는 과정을 의미한다.

Memo

Memo

3) 상담에는 문진, 촉진, 시진, 검진 등이 있다.

① 문진

고객과 일대 일로 질문과 대답을 통한 문제 타진에 대한 근원적 방법이다.

② 시진

고객의 두피문제를 눈으로 확인하는 방법이다.

③ 촉진

고객의 두피문제를 만져봐서 확인하는 방법이다.

④ 검진

기기, 즉 두피측정기로 두피문제를 확인하는 방법이다.

2 상담의 목적과 필요성

1) 상담의 목적

상담은 고객과의 대화에 의해 전문가다운 언어를 사용하여 문제를 해결하는 과정이라고 할 수 있으며 두피관리 상담의 목적은 아래와 같다.

① 두피와 모발 그리고 탈모에 관한 정보와 지식을 전달하여 고객의 인식이나 태도를 바꾸도록 도와준다.
② 두피관련의 문제점을 발생시킬 수 있는 생활습관을 지적하여 좋은 생활 습관으로 변화하도록 도와준다.
③ 개선된 생활 습관을 유지하도록 도와준다.

2) 상담의 필요성

상담은 고객의 바람직한 방향으로 바뀌도록 도와주고 자율의지를 가지게 하는 과정이며, 상담의 최종 목적은 고객 스스로 생활 전반에 걸친 자기조절임을 인식하게 하는 것이다.

3) 두피관리 상담의 4요소

두피관리에 있어서 상담이란 상담자(관리사)가 두피와 모발의 문제점을 해결하기 위해 방문한 고객에게 올바른 관리법을 지도하여 고객의 욕구를 충족시켜 주는 과정으로 두피관리 상담은 일반적으로 4가지 요소로 구성된다.

① 상담자–두피관리사
② 목적–관리, 예방, 홈케어
③ 문제–탈모나 두피의 문제 파악
④ 방안–문제별 해결법 및 관리법 제시

4) 상담자의 3요소

두피관리 상담자는 두피전반에 관한 전문지식과 이론을 바탕으로 고객에 대한 따뜻한 배려를 통해 고객의 문제점과 고민을 해결하고자 하는 노력이 필요하다.

① 신뢰–고객으로부터 신뢰, 관리 효과에 대한 신뢰
② 지식–두피와 모발에 관련한 전문 이론및 임상 결과로 쌓여진 노하우
③ 배려–고객을 진심으로 관리하겠다는 마음가짐

Memo

Memo

3 상담자의 기본자세

1) 기본자세

① 상담자의 긴장된 태도는 고객에게도 긴장을 유발할 가능성이 크므로 자연스러운 자세로 고객 방향으로 약간 몸을 기울이는 것이 좋다.
② 상담자는 앉아 있을때 다리를 꼬거나 내려 앉지 않는다.
③ 상담자의 약간의 몸짓을 통해 고객에게 이해도를 높여준다.
④ 상담자가 손을 많이 흔들거나 팔짱을 낀다면 고객에게 거만하게 비칠 수 있으므로 주의한다.
⑤ 상담자는 자신의 자세와 몸짓이 어떤 의미를 전달하는지 주의하고 이는 자신이 의도한 것인지를 분명히 파악해야 한다.
⑥ 효과적인 상담을 위해서는 고객의 말씀에 진심으로 경청하는 태도가 중요하다.
⑦ 큰소리로 이야기 하거나 크게 웃지 않는다.
⑧ 고객에게 반말등 단적인 표현을 삼간다.

2) 복장 및 위생

① 상담자는 명찰을 착용한다.
② 화려한 액서사리는 주의하도록 한다(목거리, 반지, 팔찌).
③ 시술하기 편안한 복장을 한다.
④ 신발은 편안한 것을 신고 구두 소리가 나지 않도록 주의한다.
⑤ 항상 손톱, 머리상태, 복장을 깨끗하게 유지하도록 한다.
⑥ 강한 향수및 음식물 냄새, 땀냄새가 나지 않도록 한다.
⑦ 주변을 청결히 유지하며 시술한 도구는 소독을 하여 세균에 감염되지 않도록 유지한다.

4 고객의 상담 방법

1) 문진

상담카드를 작성하기위한 여러가지 질문을 통해 고객의 문제점 및 라이프스타일을 파악한다.

2) 시진

두피의 이상유무를 확인하기 위해 두피의 색, 각질의 유무, 기타 이상요인을 식각적으로 파악한다.

3) 촉진

손으로 만져지는 두피의 상태를 체크하는 것으로 피지의 상태, 긁어 나오는 각질들, 두피의 탄력도, 두피의 경직도, 두피 예민도 등을 파악한다.

4) 검진

두피진단기로 두피를 확대하여 세밀하게 관찰하는 것으로 모발의 밀집도, 모발의 굵기, 두피의 색상, 두피의 예민도(모세혈관의 확장), 모공상태및 각질상태, 피지의 정도 등을 확인한다.

5) 프로그램설정

문진, 시진, 촉진, 검진을 기초자료로 고객의 두피에 맞는 구체적인 관리방법을 결정하는 단계로 두피의 특성에 맞는 제품이 선정, 곤리기기및 마사지 프로그램 등 각 고객에게 필요한 곤리방법을 설정하는 단계이다.

Memo

Memo

6) 관리중 상담

두피관리 프로세스에서 관리 중 상담은 관리효과를 상승시키기 위한 과정으로 고객에게 정확한 타입별 관리를 하면서 관리중 불편 사항이나 두피 호전도에 따른 프로그램 변화 등의 상담을 통해 관리 효과를 증대시킨다.

7) 홈케어 안내

관리 후에 센터나 샵에서의 관리가 끝난 상태에서 관리를 통해 개선된 두피관리효과를 계속적으로 유지할수 있도록 하기위해 집에서 혼자 올바른 두피관리를 할 수 있도록 방법을 알려주고 잘못된 라이프 스타일도 가이드해주어 효과적으로 관리 할 수 있도록 해준다.

5 상담시 주의 사항

1) 두피관리는 단기간에 되는 것이 아니라는 것을 알려주는 것이 중요하다. 두피의 다양한 증세를 자연스럽게 언급해주고 고객이 어떤 타입에 해당하며 관리는 어떻게 해야되는지 자연스럽게 깨닫게 해준다.
2) 고객의 노력이 부족하기 보다는 두피관리의 어려움을 인식시켜 주어야 한다. 고객의 좋지 않은 생활습관을 변화시켜 좋은 습관을 갖도록 주지시킨다.
3) 두피관리의 전 과정은 고객의 신뢰와 의지가 필요하기 때문에 과장된 표현은 자제한다.
4) 정확한 지식전달만을 한다.
5) 고객의 심리적 안정을 배려한다.
6) 탈모 및 두피관리는 평생관리라는 인식을 시킨다.
7) 고객의 꾸준한 노력이 필요함을 인식시킨다.

6 상담카드 및 작성법

상 담 카 드

20 . . .

고객명	(남, 여)	E-mail	
생년월일		직업	
나이			
전화번호(폰)		담당자	

life-style 진단			
샴푸 횟수(샴푸종류)		식습관	
스타일링제 사용여부		좋아하는 식품류	
현재 복용 중인 약류		싫어하는 식품류	
알러지유무(원인)		정신적스트레스(1-10)	
병,수술유무(복용했던 약류)		수면시간	시- 시(시간)

현재 고객의 상태(고객의 의견)

두피진단		
예상원인	유전성, 스트레스성, 피부질환성, 산후 탈모성, 세발불량, 기타( )	
두피상태	두피	건성, 중성, 지성, 예민성, 비듬성, 지루성, 기타( )
	모공상태	열림, 닫힘, 깨끗함, 지저분함
	두피 톤	전두부( ), 두정부( ), 후두부( )
	모발의 상태	굵은모, 가는모, 중간모, 곱슬모, 직모, 염색모, 탈색모, 펌모, 손상모, 심한손상모, 기타( )

이상 현상 발생 위치

1. 고객의 문제 원인

2. 관리방법(순서)

고객의 홈케어 방법제시

Memo

Report

서로 상담자와 고객이 되어 상담일지를 작성해 보고 각자 발표한다.

Chapter VII 두피마사지

1 두피마사지의 필요성 및 효과

Memo

두피 손질로는 탈모 방지, 비듬 방지, 가려움 방지, 육모효과를 좋게 하기 위한 스캘프 트리트먼트(scalp treatment)가 있는데 주로 두피 마사지(scalp massage)의 적당한 자극과 함께 피지선 작용 촉진과 영양, 수분을 공급하고 피로를 회복시켜 주는데 효과가 있으며 두피 및 모발의 생리기능을 건강하게 유지시켜주고 모모세포 분열을 촉진할 수 있도록 한다.

이 스캘프 트리트먼트에는에는 물리적 자극을 주는 것으로 스캘프 머니플레이션(두피마사지)이나 적외선, 고주파, 스티머, 광선기 등 기구를 이용하는 물리적 방법과 양모제(헤어로션, 헤어토닉, 헤어 크림)등을 사용하는 화학적 방법이 있다. 단, 두피에 상처나 질병이 있는 경우 그리고 펌 웨이브 및 염색 탈색 등과 같이 화학적 시술에 들어가기 전에는 시술하지 않는 것이 좋다.

두피마사지 요법에는 경찰법, 강찰법, 유연법, 진동법, 고타법 등이 있으며 두부에 위치한 경혈을 마사지 해줌으로써 머릿결이 좋아지고 노폐물이 배출되어 혈액순환과 일상 생활에 받은 스트레스까지도 해소할 수 있기에 필요한 것이다.

1) 기본 마사지 방법

① 경찰법(effleurage)

가볍게 쓰다듬거나 문지르는 동작으로 마사지 시작과 마지막, 그리고 마사지 중간 중간에 행하여 근육을 이완시킨다.

Memo

② 강찰법(friction)

피부를 가볍게 누르듯이 행하며 약간 자극적인 동작이다.

③ 유연법(petrissage)

엄지와 검지를 많이 사용하며 집어주듯이 주물러 근육을 풀어준다.

④ 진동법(vibration)

피부조직에 진동을 전달해 뭉친 근육을 풀어준다.

⑤ 고타법(tapotement)

피부조직을 두드려 주는 것으로 손바닥이나 주먹 등을 이용한다.

2) 두피 마사지의 효과

① 근육을 강화하고 스트레스와 긴장을 완화시킨다.
② 림프선의 자극으로 면역력을 증가시킨다.
③ 내분비계통 자극은 호르몬 분비의 균형을 이루어 모발손상을 개선시킨다.
④ 두피 노화를 예방하고 윤기를 더하게 된다.
⑤ 두피 내 열을 제거하여 탈모를 예방한다.
⑥ 혈액순환을 원활하게 함으로써 모발의 성장을 촉진시킨다.
⑦ 신체의 자연치유력을 높인다.

2 두개골에 대한 이해

1) 두부

① 두개골(머리뼈, craium, skull)

두개골이란 머리를 구설하고 있는 뼈로 15종 28개의 뼈로 구성되어 있다. 두개강을 만드는 뼈는 뇌를 보호하는 뇌 두개골과 안면을 형성하는 면골로 대별된다.

② 뇌두개골(뇌머리뼈, cranial)

뇌두개골은 6종 8개의 뼈로 전두골, 후두골, 측두골, 접형골, 사골 등으로 이루어진다.

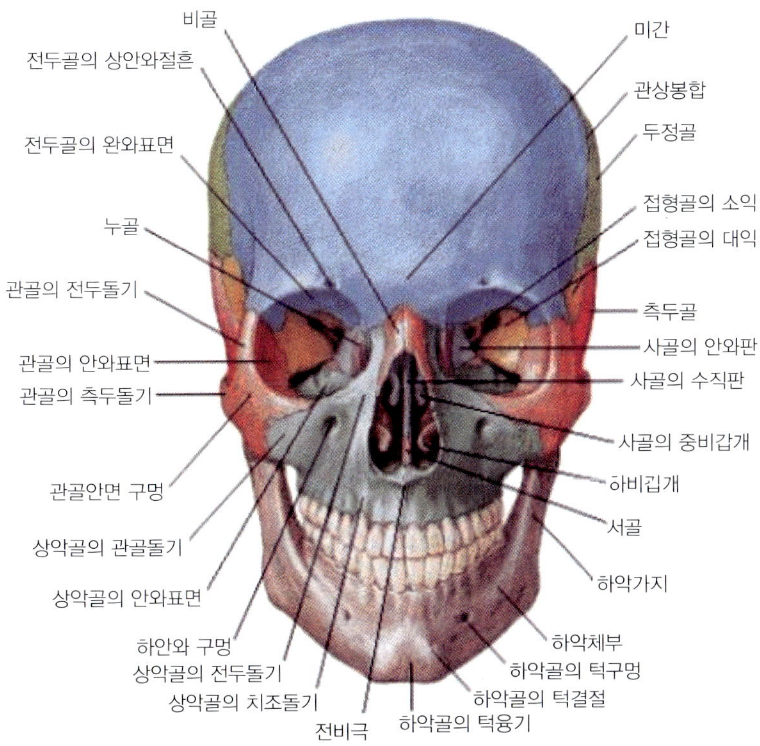

그림 29 두개골(전면상)

Memo

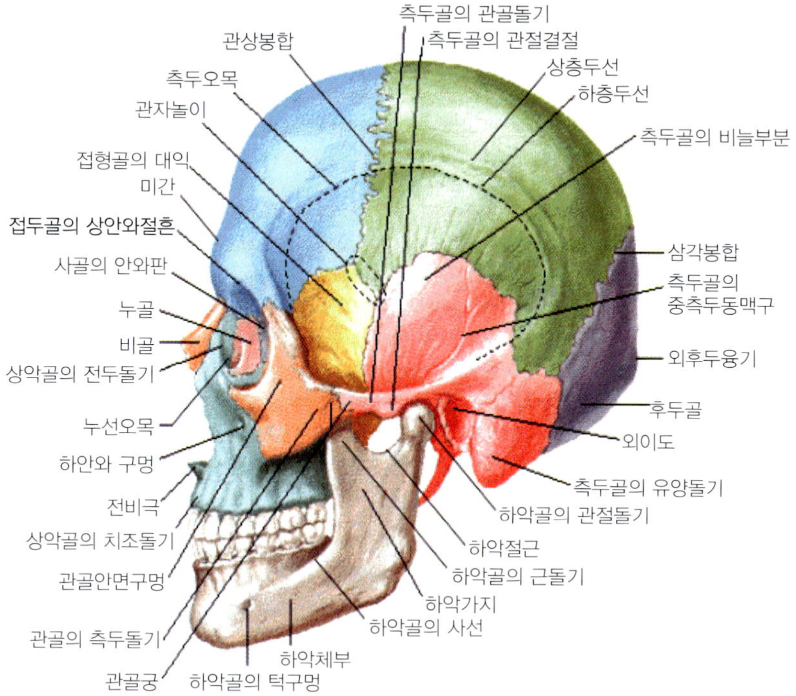

그림 30 두개골(측면상)

a. 전두골(이마뼈, frontal)

전두골의 뇌두개의 앞부부분, 즉 이마, 안와의 상벽과 전두개의 대부분을 구성하며 뇌의 전두엽에 위치한다.

b. 두정골(마루뼈, arietal bone)

두정골은 좌우 한 쌍의 크고 휘어진 사각 모양의 뼈로 두개골의 윗면과 옆면을 차지하며, 다른 두개골들과 관절을 이루어 4개의 큰 봉합이 형성된다.

c. 후두골(뒤통수뼈, occipital bone)

후두골은 두개관과 마름모꼴의 주걱 모양으로 구성되어 있다.

d. 측두골(관자뼈, temporal bone)

두개골의 바깥부분과 두개 바닥의 부분으로 된 구종로 외이도의 길이 뚫어져 있다.

e. 접형골(나비뼈, sphenoid bone)

나비모양의 뼈로서 양쪽에 큰 날개(greater wing) 와 작은 날개(losser wing)가 있다.

2) 안면부

① 안면두개골(얼굴머리뼈, facial bone)

안면두개는 9종의 15개의 뼈들로 구성되어 있으며, 이중 하악골과 서골만 한 개씩이고, 나머지 상악골, 관골, 비골, 두개골, 구개골 및 하비갑개는 한 쌍으로 되어 있다.

a. 비근골(코뼈, nosal bone)

코의 전상부를 형성하는 한 쌍의 작은 뼈로서 골성 코중격(nasal septum)을 형성한다.

b. 서골(보습뼈, vomer)

코중격의 하방을 형성하는 작은 뼈로서 골성 코중격(nasal septum)을 형성한다.

c. 누골(눈물뼈, lacrimal bone)

안와의 안쪽을 형성하는 쌍으로 된 네모 모양의 작은 뼈로서 바깥에 눈물고랑에는 눈물샘이 있다.

d. 상악골(위턱뼈, maxilla)

얼굴의 중앙에 위치하는 한 쌍의 뼈로서 위쪽에는 비강의 위부와 연결되어 있다. 상악골 내에는 상악동 이라는 큰 빈 지리가 있어 비강과 교통한다.

e. 하악골(아래턱뼈, mandible)

하악의 주체를 이루는 뼈로 말굽 모양을 하고 있다. U자모양의 하악골은 얼굴에 있는 뼈중 가장 크고 강하며 아래턱을 형성하는 하악체와 두 개의 하악지로 구성된다.

f. 관골(광대뼈, zygomatic bone)

안와의 바닥과 옆벽을 형성하는 한 쌍의 뼈로서 측두골와 관절하여 관돌돌기로 되어 있다. 불규칙한 모양의 관골은 흔

Memo

Memo

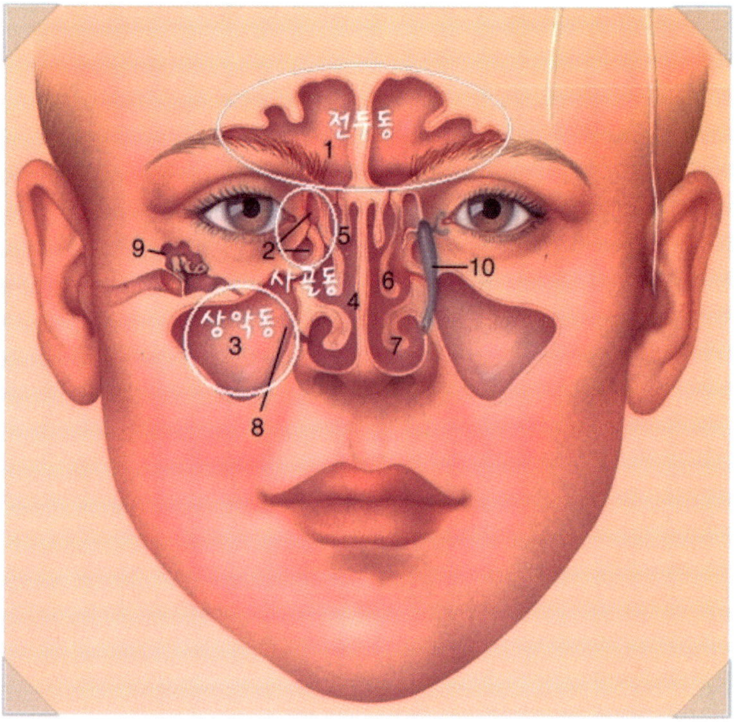

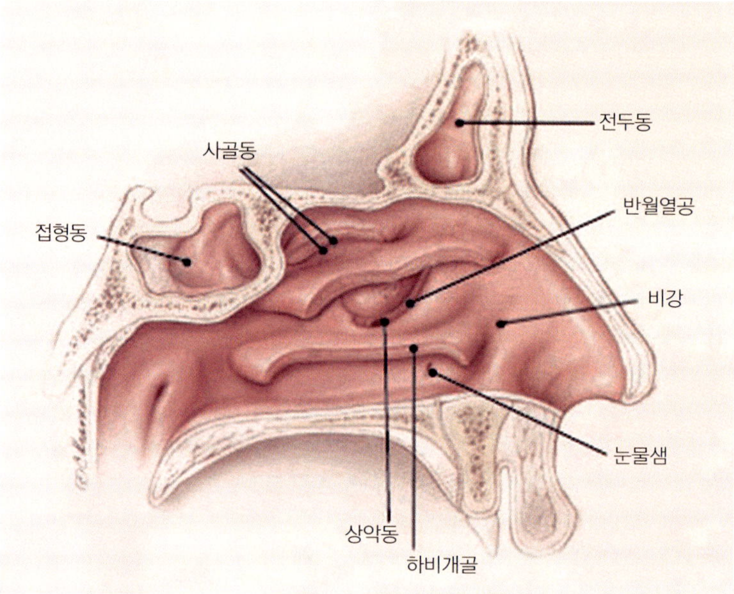

그림 31 안면두개골

히 광대뼈로 불리며, 뒷면은 측두골의 관골돌기와 만나 관골궁을 이루고, 전면은 상악골의 관골돌기와 관절을 이룬다. 관골은 뺨의 돌출부와 안와의 하외 측연의 일부를 형성하며 외측면, 안와면과 측두면의 3면으로 이루어진다.

g. 안와

안와는 공동공으로 눈을 움직이는 근육과 눈물을 만드는 누선이 안와내에 있다. 내부에 시신경관과 상, 한안와열이 뚫려있다.

h. 부비동

비강을 둘러싸고 있는 두개골 일부는 공기를 함유한 빈 공간으로, 이를 부비동이라고 한다.

i. 설골(목뿔뼈, hyid bone)

설골은 혀와 후두융기 사이의 설근 속에 위치한 U자 모양의 작은 뼈로 다른 뼈와 직접 관절을 이루지 않고 유일한 뼈로 좁은 경상설골인대에 측두골의 경상돌기에 고정되어 있다.

② 안면근

안면근은 두개골과 건, 건막 혹은 피부 자체에서 기시하여 대부분이 피부에 정지하므로 수축 시 관절의 운동보다는 얼굴의 피부 운동을 주도하여 감정을 표현하는데 관여하기 때문에 표정근 혹은 피근이라고도 하며 제7의 뇌신경인 안면신경의 지배를 받는다.

a. 두개표근 (muscle of the scalp)

두개골을 싸고 있는 피부 중에서 머리카락으로 덮인 부위를 두피라고 한다. 이러한 두피를 이루는 근을 두피근이라고 한다.

두개건막인 모상 건막에 의해서 연결되는 전두근과 후두근을 구성하는 양분근으로 이들 두 근육의 상호 작용은 두피를 앞 · 뒤로 잡아당기는 것이다.

ㄱ) 전두근 – 이마와 두개골의 원개를 덮는다

ㄴ) 후두근 – 후두의 기저에 위치하며, 건막을 잡악당김으로써 전두골의 기시를 고정시킨다.

Memo

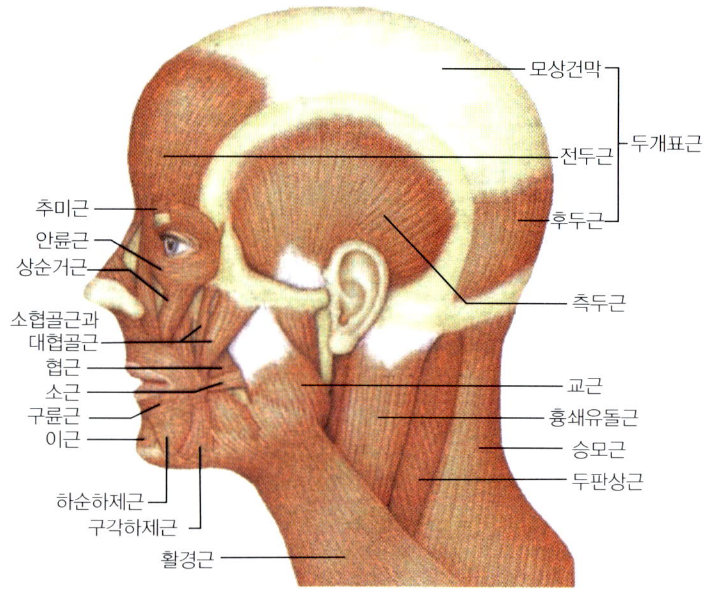

그림 32 안면근(측면상)

b. 안부의 근 (muscle of the eye)

눈 주위의 근은 누을 감고 뜨며 눈가의 주름을 형성하는데 관여하는 근들로서 안륜근, 상안검거근, 추미근 등이 있다.

c. 비부의 근 (mucle of the nose)

비근은 상악골에서 기시하여 콧등과 비익에 정지하며, 비중격 하체근은 상악골에서 기시하여 비중격에 정지한다. 이 근들은 비공의 크기를 조절하는데, 비근의 익부와 비중겨 하체근이 수축하면 비공이 넓어지고, 비근의 횡부가 작용하면 비공이 좁혀진다.

d. 안면근 구부의 근 (muscle of the mouth)

입 주위에는 많은 근육들이 있는데, 이들 중 입을 닫는데는 구륜근과 협근이 작용하고 이 외의 근들은 입을 여는데 작용한다.

e. 안면의 근육

ㄱ) 추미근 – 작은 근육으로 안륜근의 작용과 연관된 활동

Memo

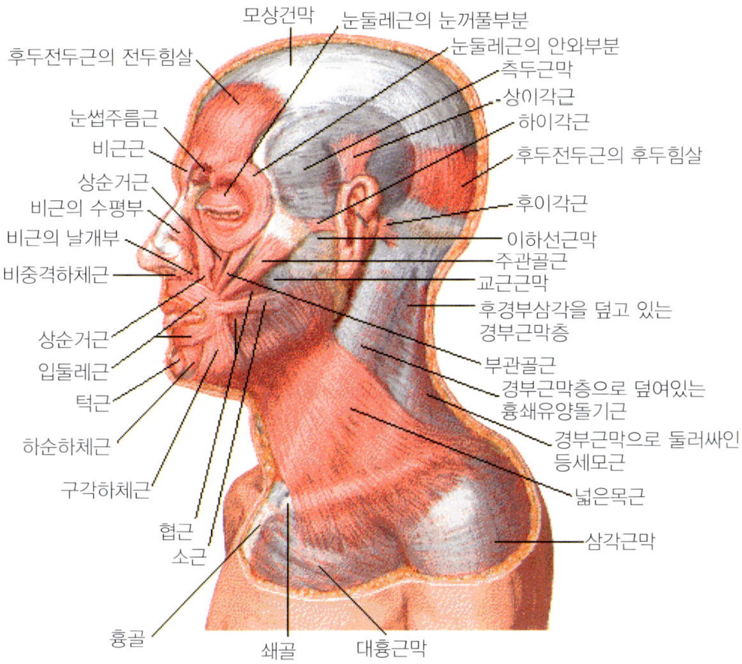

그림 33 안면표정근(측면상)

ㄴ) 안륜근 – 눈꺼풀의 얇고 평평한 괄약근으로 안와의 틈새를 둘러싼다

ㄷ) 대협골근과 소협골 – 입의 모서리로부터 볼뼈로 비스듬히 뻗어 있는 근육쌍

ㄹ) 소근 – 협골 아래와 외측으로 지나가는 가느다란 근육

ㅁ) 상순거근 – 그륜근과 아랫눈 모서리 사이에 있는 가는 근육

ㅂ) 하수하제근 아랫입술로부터 하악골로 달리는 소근

ㅅ) 구각하제근 – 하순하제근 외측의 소근

ㅇ) 구륜근 – 많은 방향으로 지나가는 섬유들과 함께 입술의 복잡하고 다층으로 위치한 근육

ㅈ) 이근 – 턱위에 있는 V자 모양의 근육집단을 형성하는 근육쌍의 하나

ㅊ) 협근 – 가늘고 수평인 빰의 근육: 빰의 주근육: 교근에 깊이 위치한다.

Memo

Memo

ㅋ) 활경근 – 쌍아 아니고, 가늘며, 얇은 판같은 표피의 목근육으로 안면 표정을 짓는 역할을 한다.

ㅌ) 측두근 – 측두골과 전두곤, 그리고 두정골의 부분들을 덮는 부채 모양의 근육

③ 안면신경계

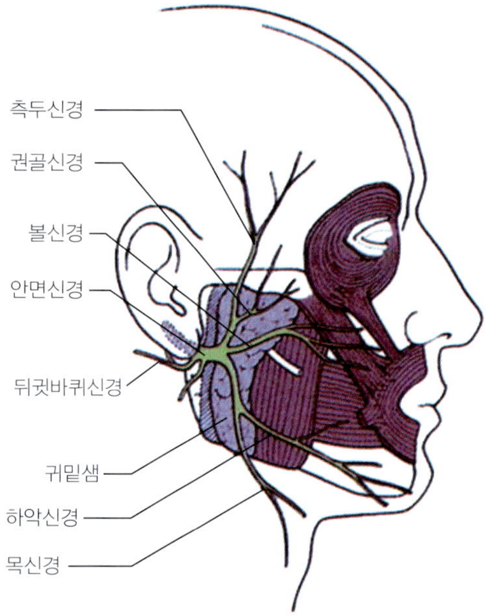

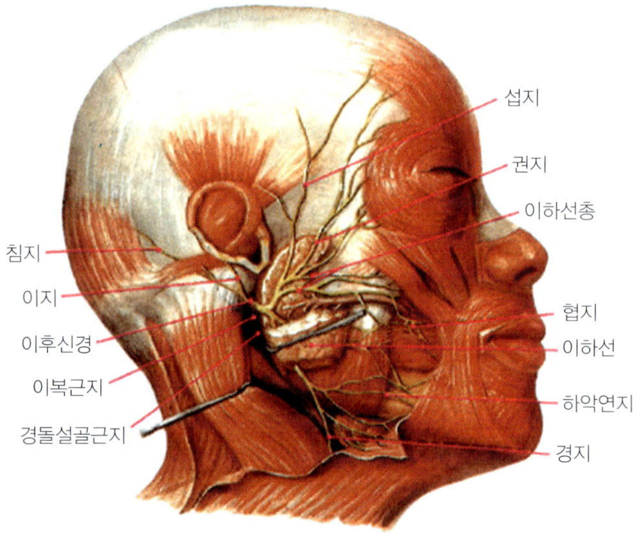

그림 34 안면신경계

3) 경부

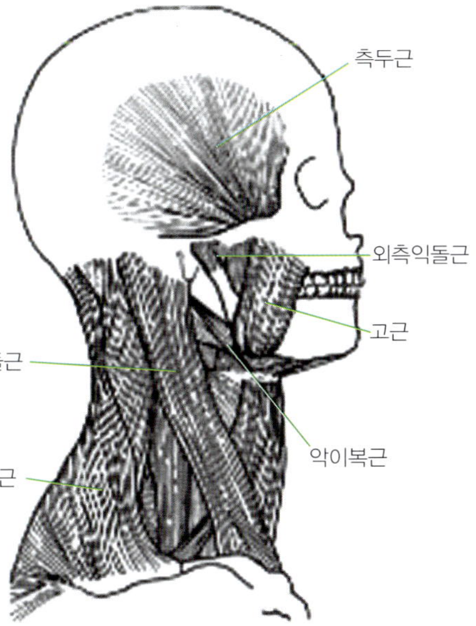

그림 35 경부의 근

① 경부의 근막(Cervical fasciae)

경부는 흉쇄유돌근(Sternocleidomastoideus)에 의하여 전 및 후경삼각으로 구분지어 경부에 많이 있는 여러 기관들의 위치를 표시하는데 이용된다.(예: 경동맥 위치 표시) 경부의 근막은 3겹 즉, 천경근막(superficial cervical fascia), 중경근막(middle cervical fascia), 심경근막(deep cervical fascia)으로 되어 있는데 중 및 심경근막 사이에는 기관, 후두, 식도 및 갑상선 등이 들어 있다.

② 설골상근(Suprahyoid muscles)

설골과 하악골 사이에 걸쳐 있는 4개의 근이다. 악이복근(Digastricus)은 하악골을 고정하면 설골을 위로 당기고, 설골을 고정하면 하악골을 밑으로 당기는 작용을 하며 전복(anterior belly)는 하악신경, 후복(posterior)은 안면신경의 지배를 받는다. 경돌설골근(Stylohyoideus)은 설골을 후상방으로 당기는 작용을 하며 안면신경의 지배를 받고, 악설골근

Memo

Memo

(Mylohyoideus)은 설골을 위로 당기며 설골을 고정하면 하악골을 밑으로 당기고 하악신경의 지배를 받는다. 이설골근(Geniohyoideus)은 설골을 앞으로 당기고 설골을 고정하면 하악골을 위로 당기는 작용을 하며 설하신경의 지배를 받는다.

③ 설골하근(Infrahyoid muscles)

설골과 흉골 및 견갑골 사이를 잇는 작은 근으로써 4개가 있다. 흉골설근(Sternohyoideus)은 설골을 밑으로 당기는 작용을 하고 견갑설골근(Omohyoideus)은 설골을 후하방으로 당기며 흉골갑상근(Sternothyroideus)은 갑상연골을 밑으로 당기고, 갑상설골근(Thyrohyoideus)은 설골을 밑으로 당기고 설골을 고정하면 갑상연골을 위로 당기는 작용을 하며 이들은 모두 경신경의 지배를 받고 있다. 견갑설근을 제외한 나머지 설골하근들은 음식을 삼킨 뒤 위로 올라간 설골과 인두를 밑으로 당겨 제자리에 되돌리는 작용을 한다. 또한 이들근은 기시부가 흉골 및 견갑골이므로 심호흡시 흡기근으로 작용하기도 한다.

④ 외측경근(Lateral cervical muscles)

흉쇄유돌근(Sternocleidomastoideus)은 경부의 외측에 있는 긴 근으로써 부신경과 경신경의 지배를 받으며 양측의 근이 동시에 작용하면 얼굴을 약간 위로 들고, 한쪽만 작용하면 머리를 반대 쪽으로 돌린다.

⑤ 전골근과 외측추골근
(Anterior and lateral vertebral muscles)

경추의 앞쪽에 있는 4개의 근이다. 경장근(Longus colli)은 경부의 굴곡과 경추를 약간 회전시키는 작용을 하며 경신경의 지배를 받고, 두장근(Longus capitis)은 두부의 굴곡에 관여하며 경신경의 지배를 받는다.

전두직근(Rectus capitis anterior)은 역시 두부의 굴곡 작용을 하며 후두하신경의 지배를 받고 외측두직근(Rectus capitis lateralis)는 두부를 외측으로 굴곡시키는 작용을 하며 후두하신경의 지배를 받는다. 외측추골근(사각근)(Lateral vertebral muscles(scalene muscles))은 견갑거근의앞쪽에 있는 전. 중. 후사각근으로써 늑골을 위로 당겨 심호흡시 흡기근으로 작용해 흉강을 넓히고 늑골을 고정하면 경추를 앞으로 굽히며 한쪽만 작용하면 그 쪽으로 회전하는 작용을 하며 모두 경신경의 지배를 받는다.

⑥ 천경근(Super ficial cervical muscle)

광경근(Platysma)은 목의 피하에 넓게 펼처 있는 얇은 근으로 안면신경의 지배를 받으며 목에 주름을 잡고 구각을 하방으로 당겨 슬픈 표정을 짓게 하며 밑에 있는 경정맥의 압박을 완화시키고 있다.

3 두피 및 모발의 변이와 경락학적 관점

1) 모발 건조 원인

① 혈기가 허함

모발은 혈기의 수양에 의존하는 경향이 있다. 어떠한 원인을 막론하고 혈기가 허해지면 모발은 윤기를 잃고 건조 · 딱딱해진다. 이에 대해 경락의 위치가 모두 다르고 혈기 각자의 소속도 모두 다르니 검거나 감색이거나 혹은 노란색이거나 흰색인데 이를 통해 성하고 쇠함을 알 수 있다. 혈기가 성하면 윤기가 나며 혈기가 쇠하면 딱딱하고 건소하다.

② 신장 정기의 허약

모발, 특히 두발의 윤택은 신장 정기의 영양이 충분한가에 의존한다. 신장의 정기가 허약하면 혈액과 원기가 부족하게 되고 뇌수가 공허하게 되어 모발의 정상적 발육이 어렵게 되어 모발이 건조, 딱딱해진다.

Memo

Memo

③ 비장의 약화

비장이 후천적 원인으로 그 기능을 다하지 못하면 기혈도 나빠져서 모발이 영양분을 충분히 흡수하지 못하여 건조해지고 잘 끊어진다.

2) 탈모의 원인

① 선 · 후천적인 기의 부족

선천적인 기의 부족은 첫째, 신장 기능이 부족하고 후천적인 손상까지 첨가되어 모발이 정상적인 영양상태를 갖추지 못함에 의한 탈모. 둘째, 선천적인 영양이 부족하여 매일 생겨나는 모발이 극히 적어지는 현상이 발생한다.

후천적인 원인은 첫째, 후천적으로 신장의 기능이 손상된 것이며, 둘째 비장과 위장의 기능이 약해져 기혈이 결핍되어 후천적 영양부족으로 인하여 탈모가 발생한다.

② 기혈의 부족

기가 허해지는 것의 가장 큰 원인은 폐와 비장의 기능이 좋지 못하기 때문이다. 폐의 기가 허약해지면 수곡의 미세한 영양분을 모발의 뿌리까지 옮겨가지 못하게 한다.

약해진 폐가 건강함을 빼앗고 기혈이 에너지로 생성되는 것을 막으며 곧 두발의 성장에도 영향을 미치게 되는 것이다. 장시간 집중하거나 깊게 생각하는 시간이 길어지게 되면 자신도 모르게 심혈에 손상을 입는데 이때 신장으로 흘러드는 피가 줄어들게 된다. 오랜 병이나 혈액의 손상은 정혈의 부족을 일으키고 월경이 오래가거나 출산 후 출혈이 과하게 되면 혈액이 부족하게 되고 혈액은 모발의 주요 물질이며 일단 혈약이 부족하게 되면 모발의 영양부족, 탈 등에 이를 수 있다.

또한 간혈 부족과 간기울결, 즉 머리카락에 영양을 공급하는 혈액성분의 부족과 심한 정신적 스트레스 등으로 탈모 증상이 발생한다.

③ 혈이 뜨거워짐

혈이 뜨거워지면 두피, 머리뿌리에서 열이 나서 모발의 성장 환경이 불량해지고 탈모를 일으키게 된다. 혈이 뜨거워짐은 아래의 몇 가지 증상에서 자주 나타난다.

- 청소년기 때 혈기가 매우 왕성하고 중장년 시기에도 역시 드물게나마 혈이 뜨거운 사람이 있다.
- 열병을 앓은 후 체내의 영양분이 변질되어 혈이 뜨거워짐

④ 습기와 열기의 누적

습기와 열기가 쌓이면 머리부위에서 부패현상이 일어나 탈모가 생기고 혈관에서의 혈액의 흐름도 막을 수 있다. 이로 인해 모발이 영양을 잃고 심각한 탈모현상이 일어난다.

- 과식, 달게 먹는 습관, 기름기가 많은 음식, 맥게 먹는 식습관, 과음 등이 비장과 위에 무리를 주어 습기와 열기를 낳는다.
- 신장이 약해져 손상을 입어 기화기능이 약해짐.
- 간의 기가 맺혀 소통이 원활하지 않은 자.

3) 백발의 원인

① 기혈 부족

기혈이 부족하면 모발에 충분한 영양을 공급하지 못하게 됨에 따라 모발이 황백색으로 변하게 된다. "족소양의 경혈이 모발에 충분히 공급되면 혈기가 성하고, 체모 역시 검고, 윤기가 흐른다. 허약한 자는 모발에 영향을 충분히 공급하지 못하여 모발이 노랗게 변한다. 족소양의 경혈이 수염에 충분히 공급되면 혈기가 성하고, 수염 역시 길고 아름답다. 만약 허약하고 충분히 공급되지 못하면 체모가 영양을 충분히 공급받지 못하게 되어 수염이 황색을 띈다"

② 신장의 손상

선천적 영양 부족이나 지나치게 머리를 많이 쓰거나 혹은 후

천적으로 정기를 과하게 소모하면 신장에 무리를 가하여 체모에 충분한 영양을 공급하지 못하게 되고, 이에 의해 체모가 회색 또는 백색으로 변한다.

"신장의 기가 강하면 뼈 속까지도 충만해진다. 이에 따라 두발 · 모발도 검고 윤기 있어지고 신장의 기가 약해지면 뼈도 푸석해지고 이에 따라 두발 · 모발도 백색으로 변한다."

4) 경혈위치 확인법

경혈의 위치는 일반적으로 인체도에 촌 단위로 표시되어 있으나 촌은 일반적인 인치와는 다르며 모든 사람이 적용되는 것이 아니라 개인차가 있다. 경험을 통한 정확한 위치를 알 수 있으며 누를 때 아프거나 통증이 있는 곳이 가장 정확한 지점이라 할 수 있다. 보편적으로 고객의 엄지손가락 넓이가 1촌이며 식지와중지넓이가 1.5촌, 식지에서 소지까지가 3촌으로 측정하여 경혈위치를 확인한다.

4 두피 마사지 실시

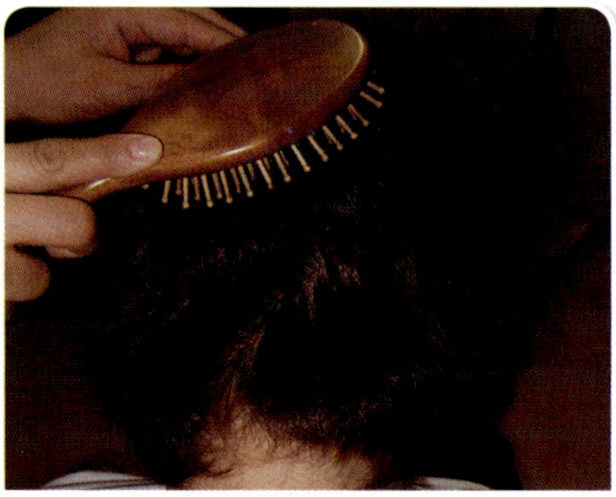
모발을 모류 반대 방향으로 빗질한다.

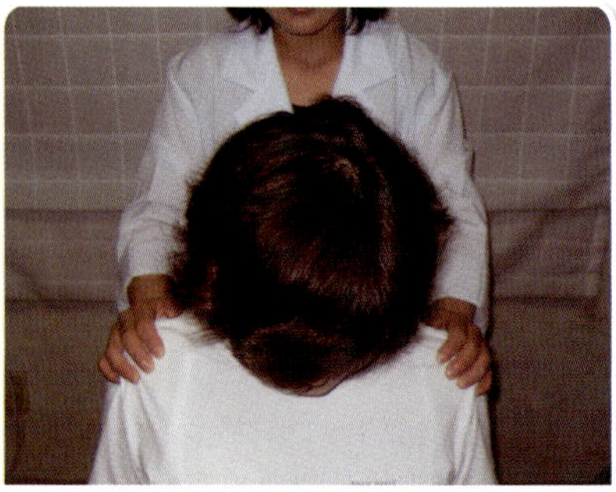
견봉에 가볍게 손을 얹어 이완시켜준다.

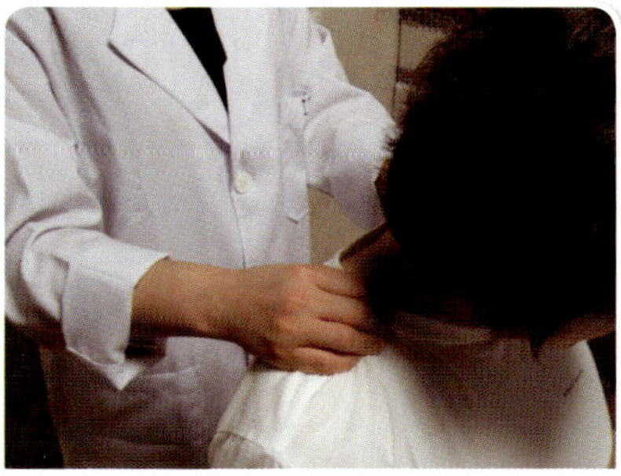

승모근에 손바닥을 밀착시켜 근육을 집어주듯 올려 30초 고정 후 서서히 풀어준다.

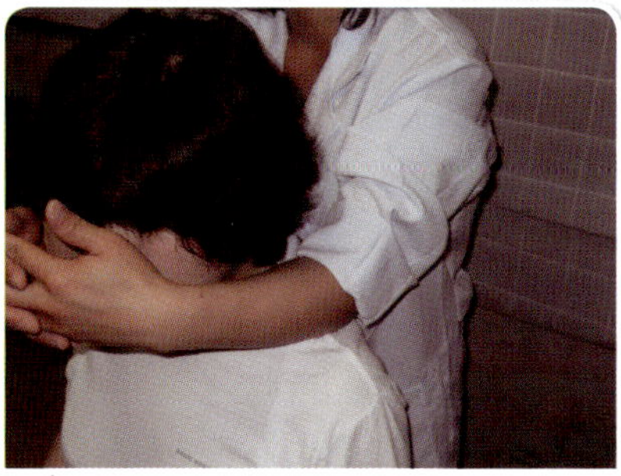

양 팔꿈치로 견정 라인의 근육을 눌러준다(어깨뼈에 닿지 않도록 주의한다).

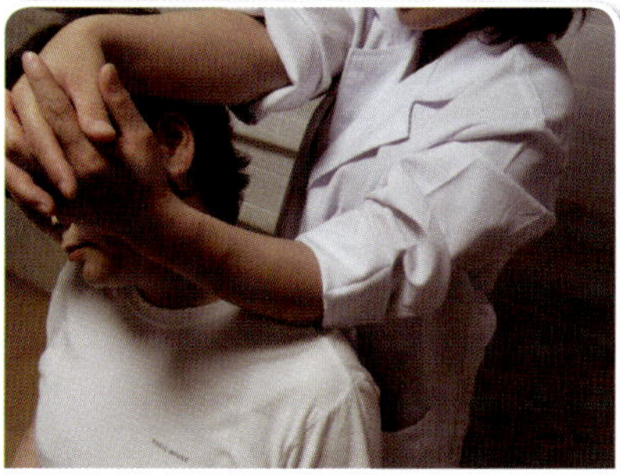

한 팔꿈치는 견정 라인을 누르고 한 팔의 전완으로 측두근을 밀어 스트레칭 시켜준다.

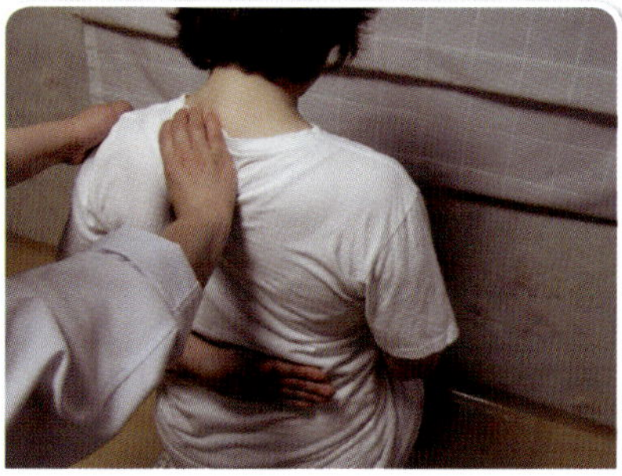

한손은 견봉을 당기며 한손 엄지는 견갑골을 눌러준다.

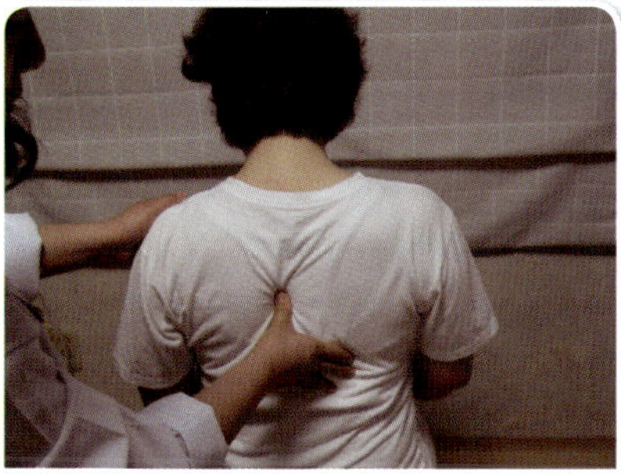

척추 옆을 가볍게 눌러준다.

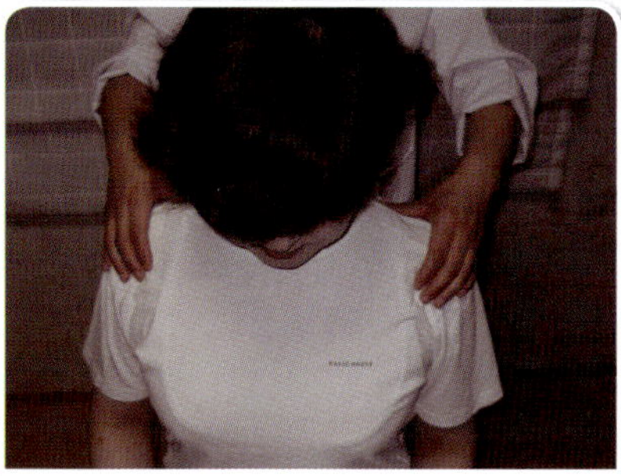

양 엄지로 견정혈을 누른다.(경추 7번의 극돌기에서 견봉 연결선의 중앙 위치)

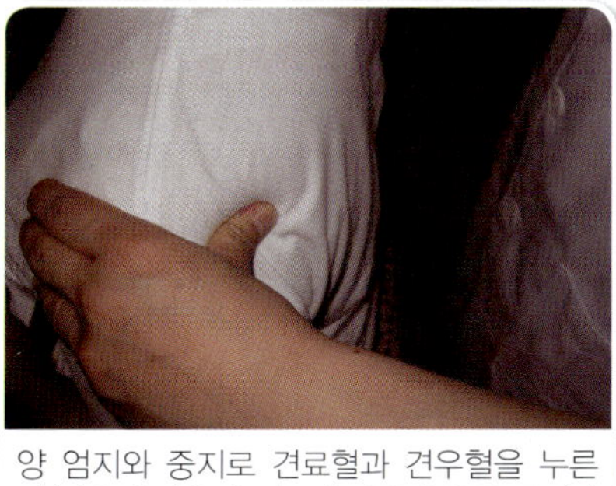

양 엄지와 중지로 견료혈과 견우혈을 누른다.(팔을 올렸을때 뒤쪽과 앞쪽에 움푹 들어가는 곳에 위치)

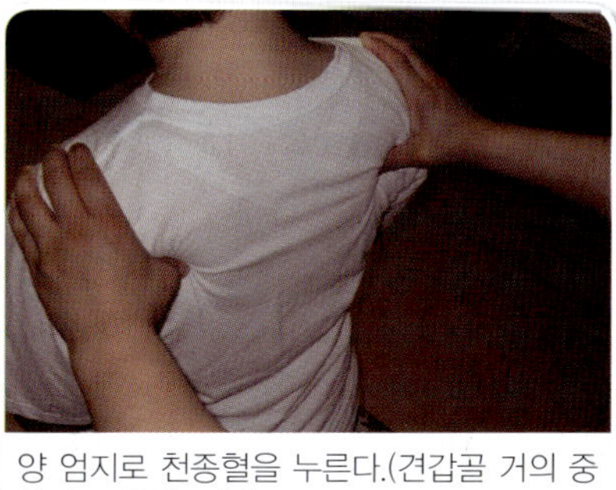

양 엄지로 천종혈을 누른다.(견갑골 거의 중앙에 오목한 부분)

Memo

Memo

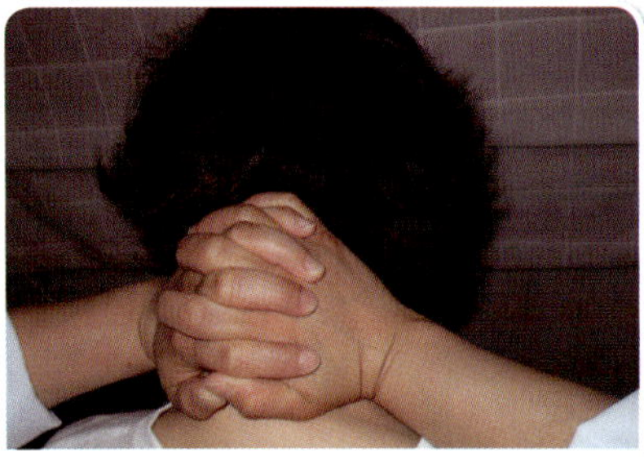

고개를 숙이게 한뒤 목 근육을 깍지낀 양 손바닥에 넣어 눌러준다.

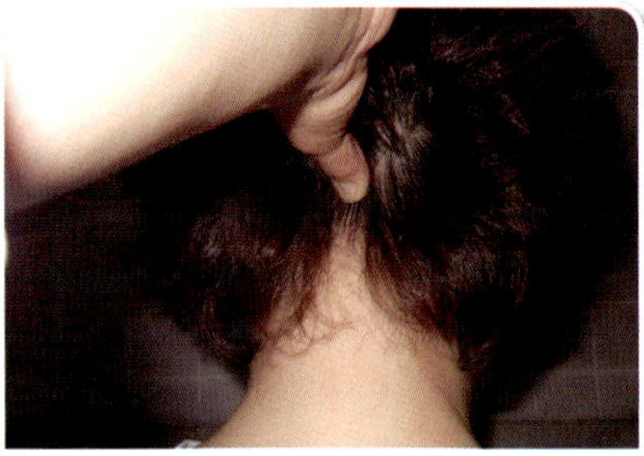

한 손은 이마 위의 헤어라인에 받치고, 다른 한손의 엄지를 이용하여 아문, 풍부혈을 끌어올리듯 자극한다.

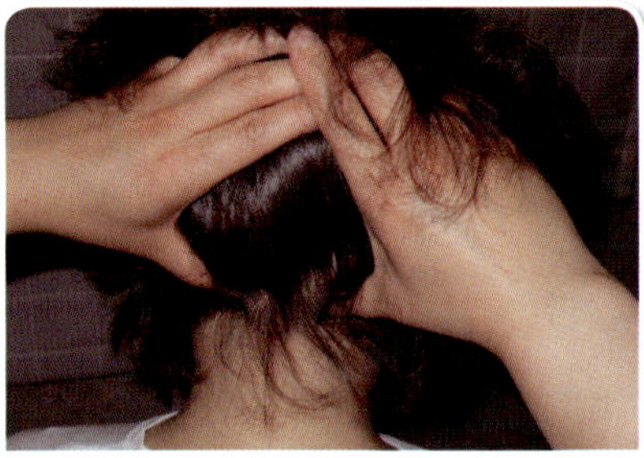

양 엄지를 이용하여 천주, 풍지, 완골을 풀어준다.

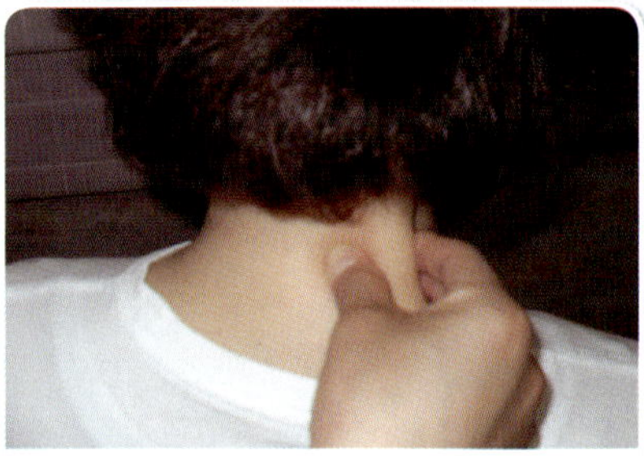

한 손은 이마 위의 헤어라인에 받치고, 다른 한손의 엄지, 검지, 중지를 이용하여 경추 좌, 우측 근육을 조여 풀어준다.

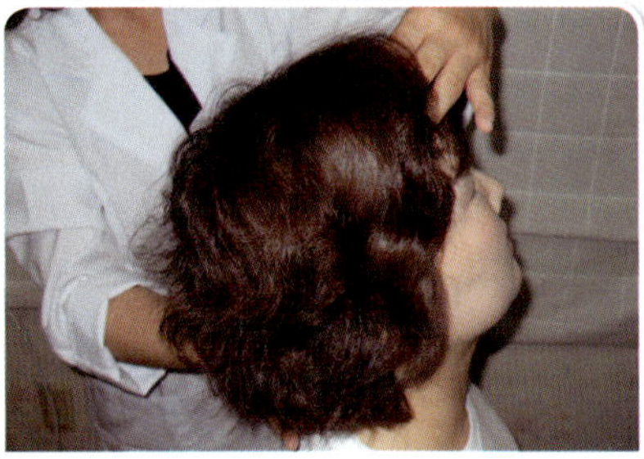

한 손은 이마 위의 헤어라인에 받치고, 한 손은 두개골 밑을 받쳐주어 머리를 뒤로 제쳐 목 뒤를 스트레칭 시켜준다.

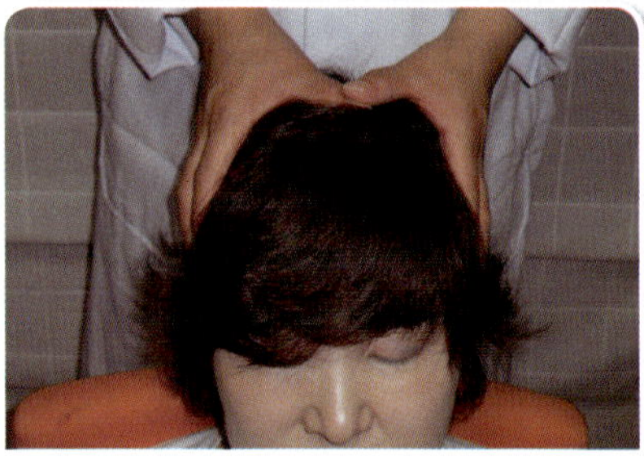

백회혈에 양 엄지를 포개어 3회 눌러준다.

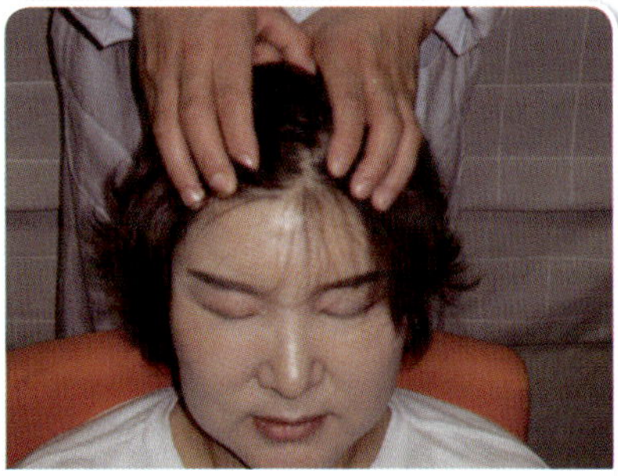

이마 위 헤어라인을 양손의 검지, 중지, 약지, 소지를 이용하여 눌러준다.

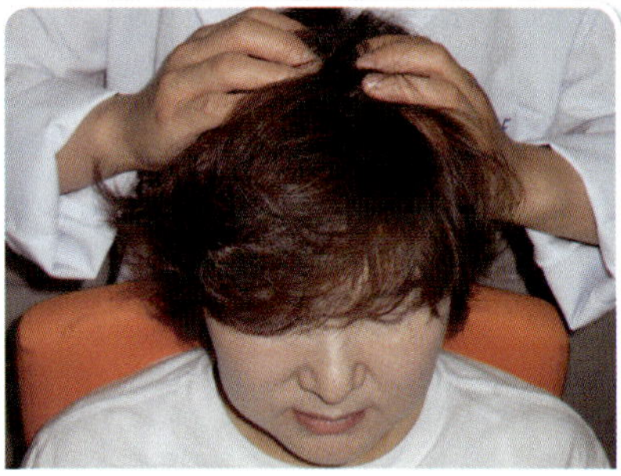

정중앙에 양옆으로 양손으로 둥글리듯 눌러준다.

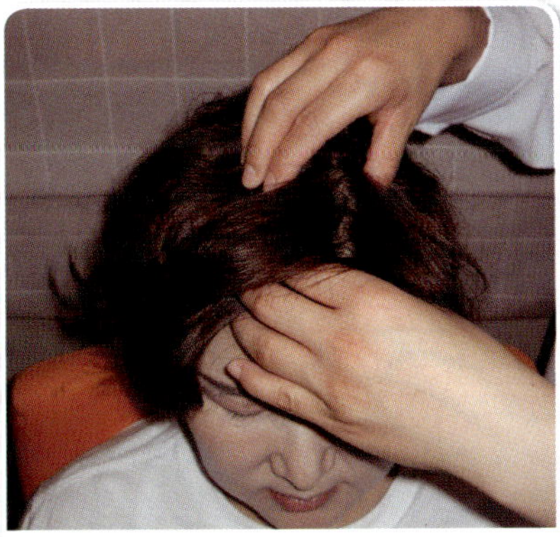

한손은 헤어라인에 고정하고 한손으로 두피를 3라인으로 나누어 집어주듯이 자극한다.

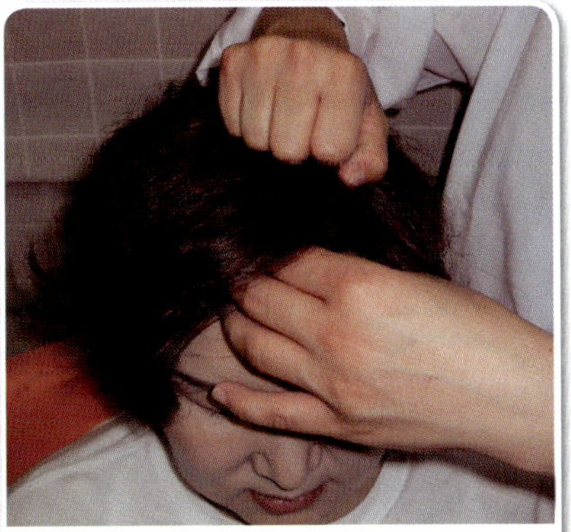

두피를 3라인으로 나누어 주먹 쥐고 두피를 자극한다.

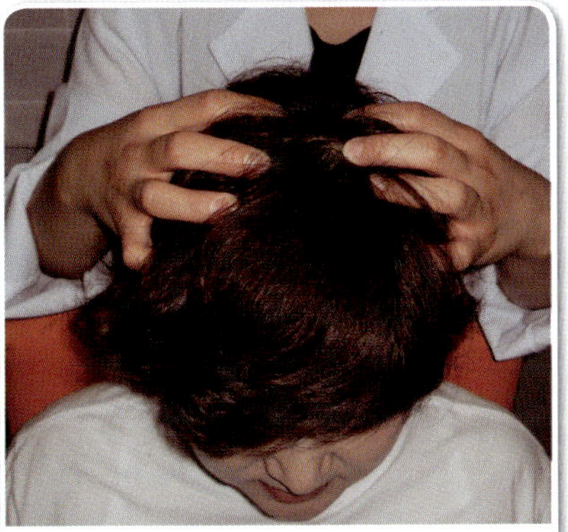

두피를 골고루 긁어준다.

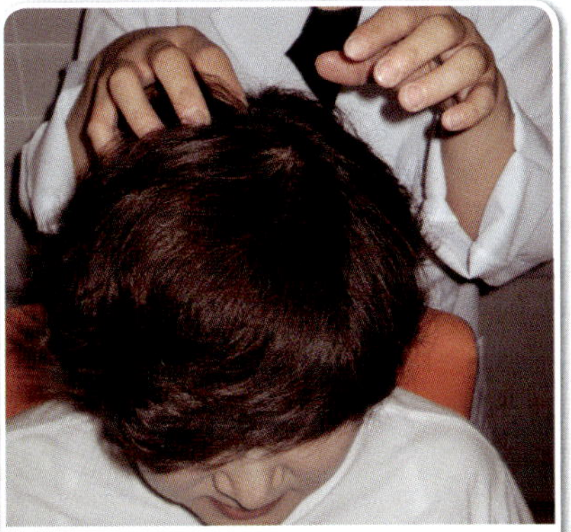

양손 끝으로 두피를 가볍게 쳐준다.

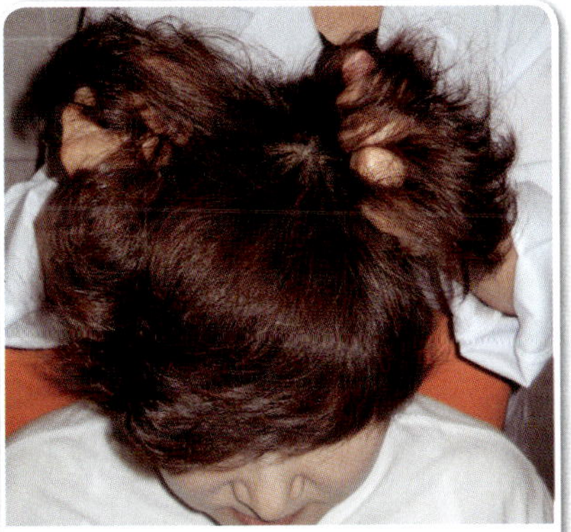

모다발을 가볍게 쥐고 당겨준다.

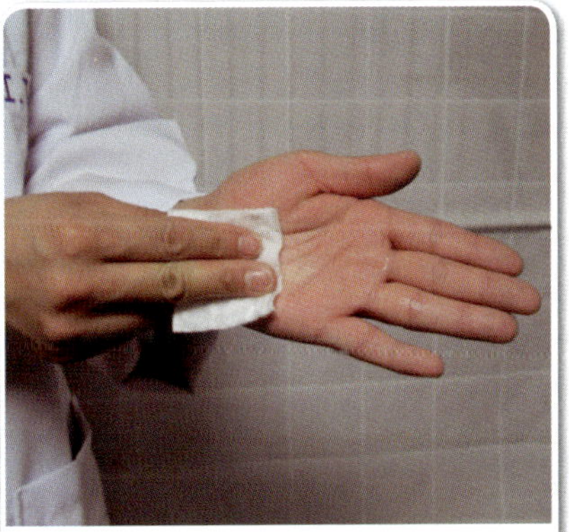

모발 정리하고 손을 소독한다.

Memo

Memo

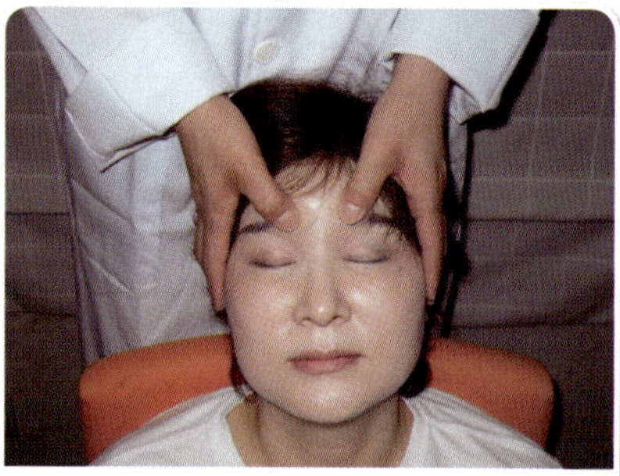

얼굴지압하기-찬죽

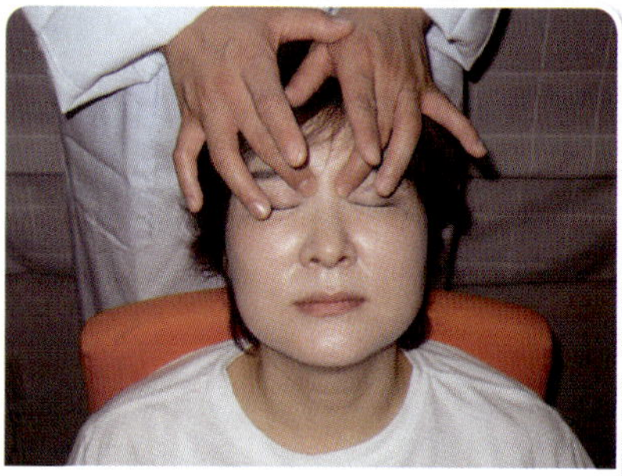

얼굴지압하기-정명

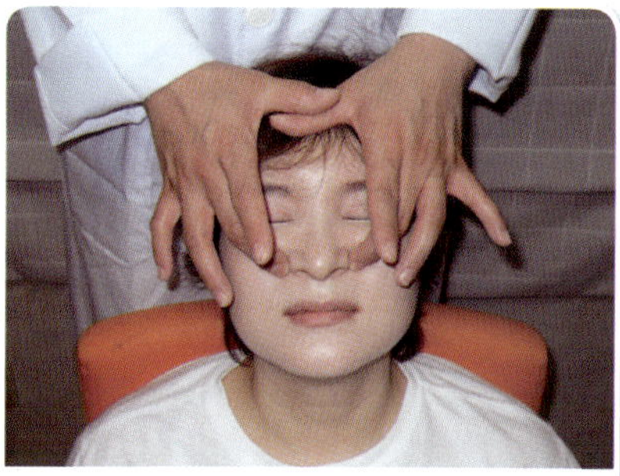

얼굴지압하기-영향

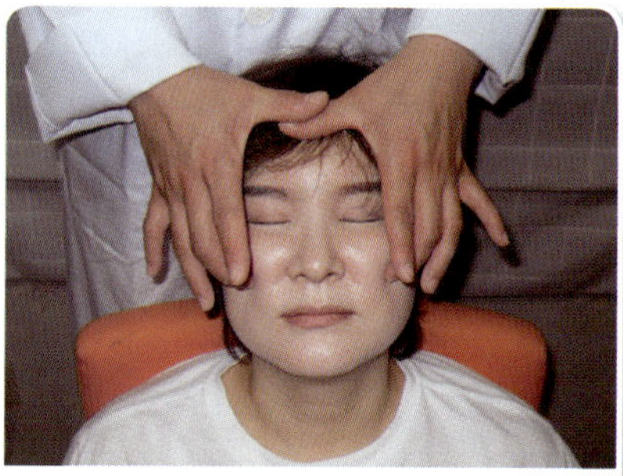

얼굴지압하기-거료

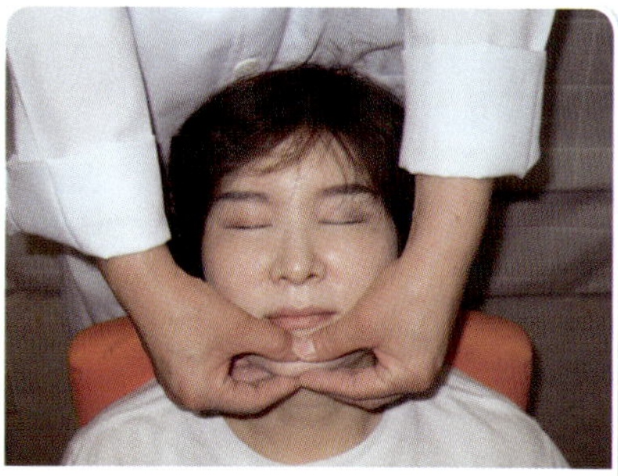

얼굴지압하기-승장

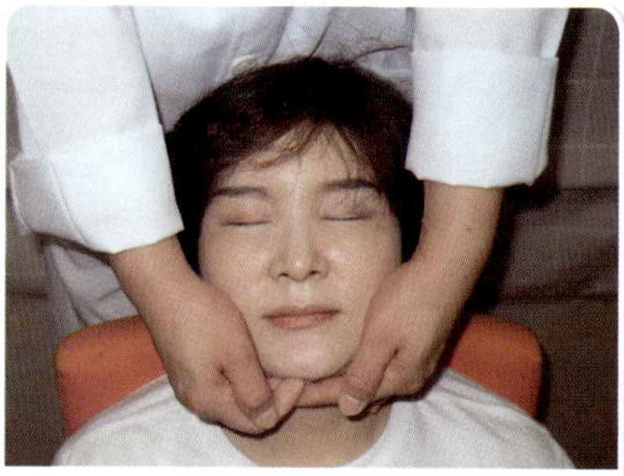

얼굴지압하기-상염천

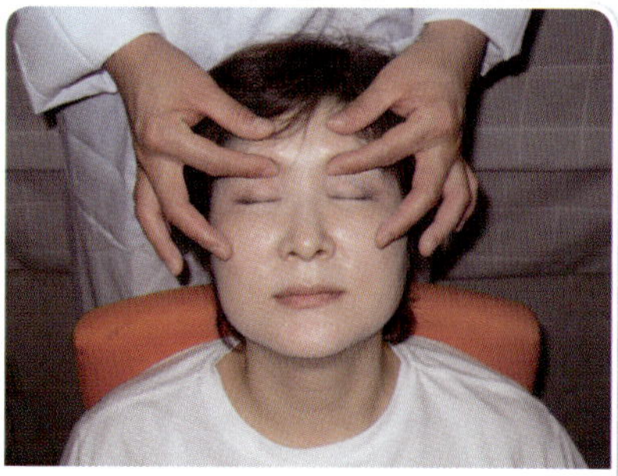

눈썹 집어주기

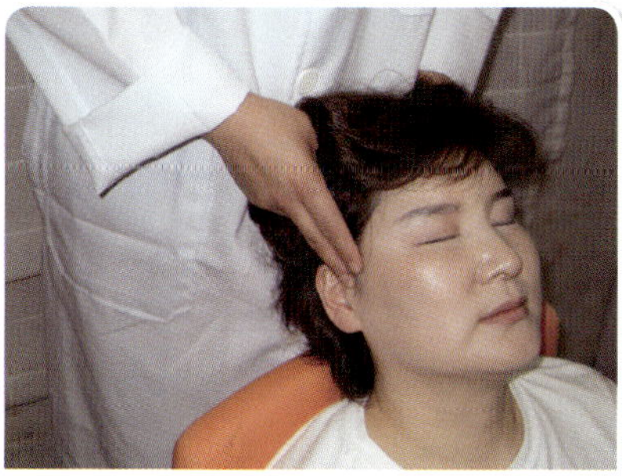

귀 지압하기-이문, 청궁, 청회

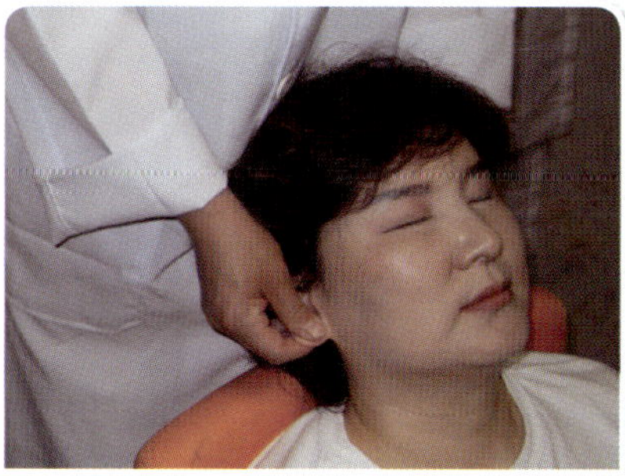

귀 당겨 늘려주기

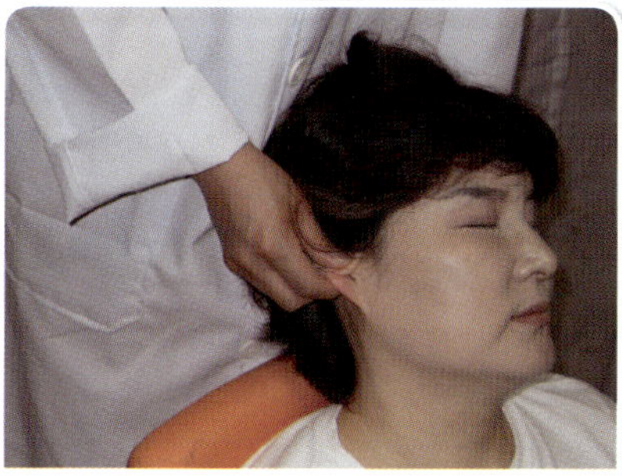

귀 반으로 접어주기

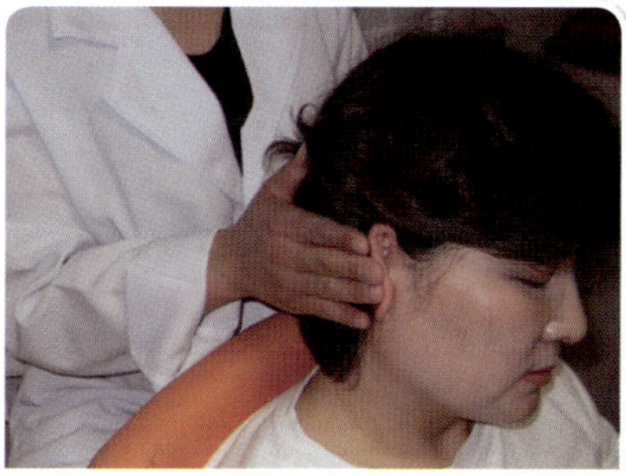

귀 앞으로 젖혀주기

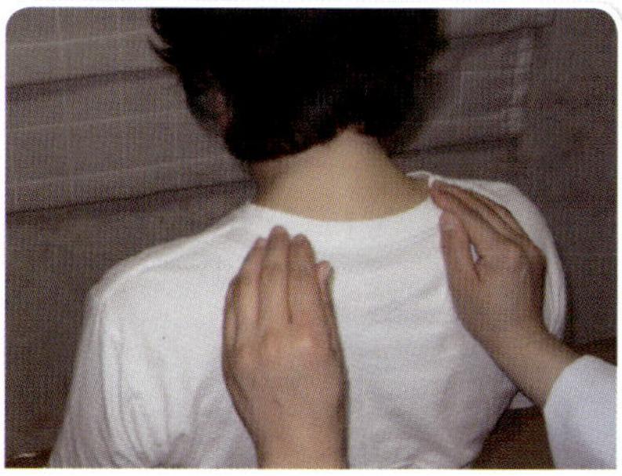

승모근 풀어주고 두들겨 주기

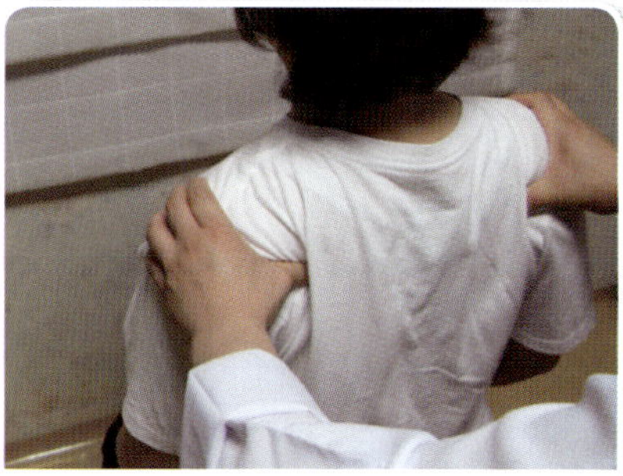

어깨 감싸고 뒤로 젖혀 스트레칭 시켜주기

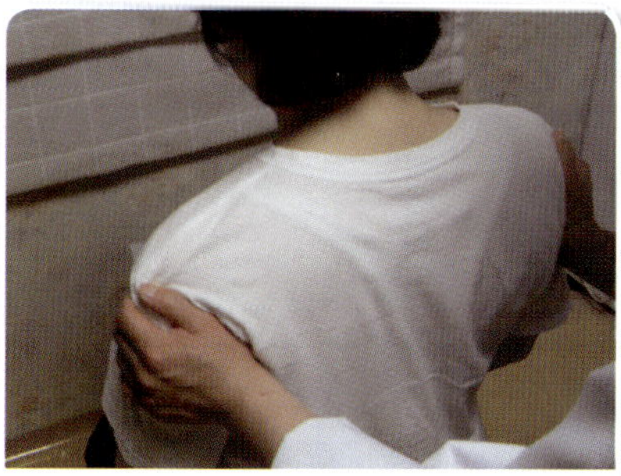

팔의 상완을 풀어주기

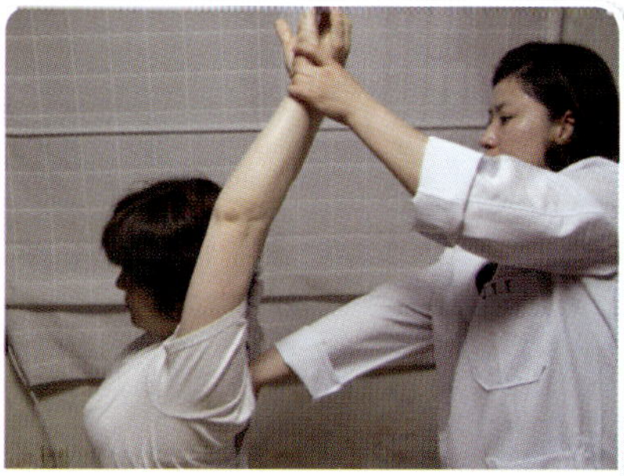

양 팔을 올려 겹쳐 손을 잡고 스트레칭 시켜주기

Memo

Report

두피마사지의 필요성을 이해하고 두피마사지 실기를 익힌다.

Chapter VIII

두피관리를 위한 제품

1 샴푸

Memo

1) 샴푸 목적

① 두피 모발의 때나 여러 가지 오염물질을 제거한다.
② 두피의 비듬 및 가려움을 덜어준다.
③ 두피 모발을 건강하게 유지시킨다.

2) 두피 오염의 종류

① 외부 오염: 먼지, 자동차 배기 Gas, 담배 연기, 기타 모발 화장품
② 내부 오염: 피지, 땀, 비듬

3) 샴푸제 조건

① 고객의 타입에 맞는 샴푸를 선택하여야 한다.
② 세척력이 지나치게 강하여 두피 모발에 탈지현상을 유발해서는 안된다.
③ 두피 모발의 과도한 알칼리화를 막고 중성을 유지하여야 한다.
④ 거품을 충분히 발생시켜 모발간의 마찰을 막고 세정제를 골고루 퍼지게 한다.
⑤ 저자극적인 성분이어야 한다.

⑥ 세정후 가려움증, 염증등의 현상이 일어나지 않아야 한다.

4) 샴푸제의 주요성분

① 계면활성제

a. 친수성 부분과 친유성(또는 소수성) 부분을 한 분자 내에 함께 가지고 있는 물질

b. 물체의 표면/계면에 쉽게 흡착하여 표면/계면의 성질을 변화시킴

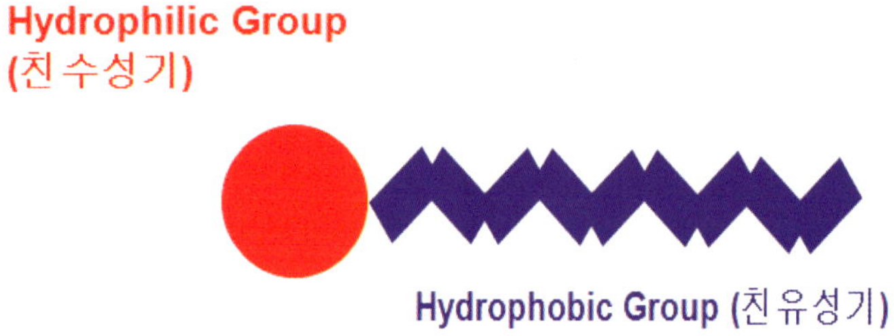

그림 36 계면활성제 구조

② 계면활성제의 역할

a. 습윤, 침투

계면활성제의 친유성기가 모발의 오염물질에 붙어 부착력을 약하게 한다.

b. 유화

서로 섞이지 않는 두 물질을 혼합하게 하는 즉 모발의 오염물질을 물에 분산시켜 모발로부터 오염물질을 떨어지게 한다.

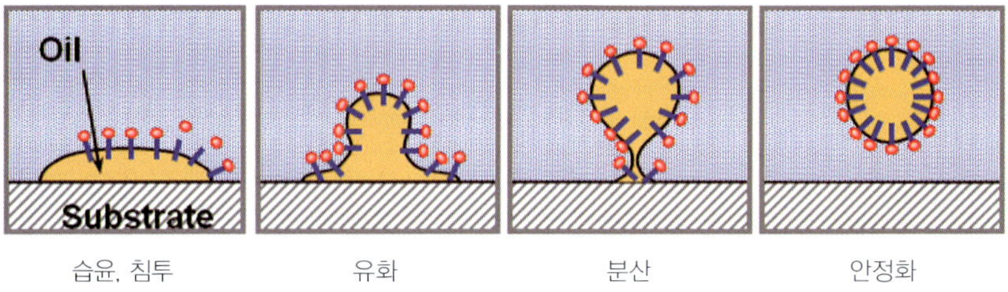

그림 37 세정 원리

c. 분산

유화된 오염물질을 모발로부터 완전히 떨어지게 한다.

d. 안정화

모발로부터 떨어져나온 오염물질이 다시 재부착되지 않도록 오염물질을 미립자 상태로 물에 섞이게 안정화시킨다.

5) 샴푸제 종류

샴푸는 기능에 따라 일반 샴푸와 기능성 샴푸로 구분된다.

일반 샴푸는 석유계 계면활성제를 사용하므로 세정효과는 높지만 두피를 자극할 수 있지만, 기능성 샴푸는 두피 및 모발타입별로 구분되어 있어 타입별 사용이 용이하며, 두피 및 모발이 자극을 최소화할 수 있다.

① 지성두피용 샴푸

a. 피지분비가 과다한 지성용 두피타입에 적합한 샴푸제이다.
b. 피지를 효과적으로 제거하기위한 음이온 계면 활성제를 이용하여 세정력이 강하다.
c. 세정력이 높은 기능이 있어 두피를 자극할수 있으므로 저자극 샴푸와 병행하여 사용하는 것도 효과적이다.
d. 샴푸 횟수는 1일 2회로 반드시 저녁에 두피 및 모발에 고루 도포하여 세정하며, 아침 세정시에는 소량의 샴푸를 사용하여 두피에 도포하여 밤새 분비된 피지를 제거하여준다.

② 건성두피용 샴푸

a. 피지분비가 적은 건성용 두피타입에 적합한 샴푸제이다.
b. 유수분 발란스가 떨어지는 타입이므로 보조 세정제로서 저자극적인 계면 활성제의 사용으로 자극을 최소화하여 세정할수 있다.
c. 천연 보습성분 및 오일성분을 함유함으로서 세정효과뿐 만 아니라 보습효과를 형성함으로써 건조화를 방지할 수 있다.

Memo

③ 항비듬용 샴푸제

a. 비듬균의 증식을 방지하며 비듬발생을 억제하는 샴푸제이다.
b. 항진균제인 징크 피리치온(zinc pyrithione)성분이 함유되어 있어 비듬균의 증식을 방지하는 효과가 있다.
c. 비듬균의 증식으로 인한 이차적으로 소양증 및 염증발생이 가능하며, 황이 함유된 제품으로 항균작용에 효과적이다.

④ 저자극용 샴푸제

a. 민감성두피 타입용 샴푸제이다.
b. 저자극성 계면 활성제인 양성 계면활성제를 사용함으로서 두피에 대한 자극을 최소화시킨다.

⑤ 산성 샴푸제

a. 샴푸의 pH가 5.5-6정도의 약산성 샴푸이다.
b. 염색이나 퍼머넌트 웨이브등의 화학적 시술후 알칼리상태를 두피 및 모발의 최적 pH인 약산성으로 전환해주는 샴푸제이다.
c. 모발의 팽윤화를 억제하여 모발 및 두피의 손상을 최소화할 수 있다.

6) 샴푸 전후 비교사진

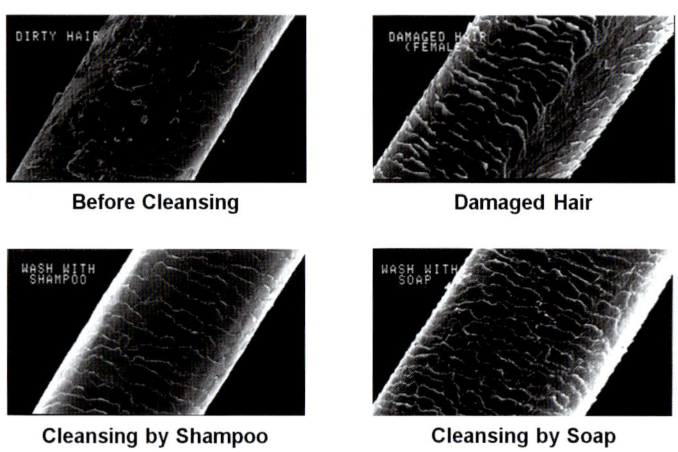

그림 38 샴푸 전후 비교 사진

2 린스

1) 린스의 목적

① 머리카락을 부드럽고 윤기있게 한다.
② 정전기 발생을 방지하여 쉽게 머리를 단정하게 한다.
③ 손상된 모발을 보호한다.
④ 샴푸나 비누 세발 후 남아있는 알칼리 성분의 중화 및 제거한다.
⑤ 빗질을 쉽게 하고, 모발을 유연하고 부드럽게 유지한다.
⑥ 살균작용을 하여 냄새의 발생 억제한다.

2) 린스의 종류와 분류

린스는 두피와 모발에 대한 약제의 잔존양이 샴푸보다 많이 때문에 그 효과가 크다. 린스는 보통 산성이다. 콜드머머, 헤어블리치, 탈색 등을 하는 모발은 알카리성이 되기 때문에 이를 중화 시키기 위해 린스를 사용한다.

린스를 그 용법에 따라 분류하면 물에 희석한 린스약으로 모발을 담그는 방식과 린스를 직접 모발에 사용하여 골고루 바르는 방식이 있다. 이 둘 모두 나중에 가볍게 씻을 필요가 있다. 린스는 일반적으로 모발에 대한 친화성이 강해 감촉을 주는 양이온성 계면활성제를 주성분으로 하며, 소량의 에몰리엔트에 점증제, 보습제 등을 배합한다.

① 형상별 분류

a. 유액 타입
b. 크림 타입
c. 로션 타입

② 기능별 분류

a. 범용타입- 크림타입 린스
b. 약용타입- 비듬방지

Memo

Memo

c. 컨기셔닝타입-컨디셔닝 린스
d. 스페셜타입-손상모발용 린스, 산성린스

3) 린스의 일반적 구성 성분

① 계면활성제 ··· 염화스테아릴메틸벤질암모늄
··· 염화디스테아릴디메틸암모늄
··· 염화스테아릴메틸알모늄 등

② 에몰리엔트 ··· 헥실데카놀
··· 미리스틴산이소프필
··· 올리브유
··· 스테아린산 등

③ 점증제 ··· 히드록시프로필메틸셀룰로스
··· 히드록시에틸셀룰로스
··· 카르복시비닐폴리머 등

④ 보습제 ··· 프로필렌글리콜
··· 글리세린
··· 에틸렌글리콜 등

⑤ 유화제 ··· 폴리옥시에틸렌스테아릴에테르
··· 모노스테아린산글리세린
··· 모노스테아린산폴리옥시이틸렌솔비탄

⑥ 금속이온봉쇄제 ··· EDTA 등

⑦ 살균제 ··· 아연피리치온

⑧ pH조절제 ··· 구연산

3 헤어트리트먼트

손상된 모발에 영양물질을 공급하고 모발의 회복을 목적으로 한다.

유화형이 대부분이며 퍼머, 염색, 헤어드라이, 공해 등으로 손상된 모발에 영양물질을 공급한다. 손상된 큐티클 사이를 영양물질로 채워 손상된 모발을 회복으로 돕고 손상의 지속을 방지한다. 유화상태에 따라 W/O형과 O/W형이 있어 목적에 맞는 것을 선택해 쓸 수 있다. 헤어트리트먼트의 조건은 아래와 같다.

① 모발에 적절한 보습력을 유지시켜 주어야 한다.
② 끈적임이 없어야 한다.
③ 적절한 컨디셔닝을 갖추어야 한다.
④ 알맞은 점도로 모발에 잘 분산되어야 한다.

그림 38 헤어 트리트먼트제

Memo

Memo

4 스케일링

스케일링이란 두피의 노폐물과 피지, 각질을 청소하는 것으로 두피케어를 하기위해 두피의 모공을 열어주는 준비단계를 말한다.

두피는 피지, 각질, 먼지 등의 오염물질 때문에 산화가 쉽게 이루어져 곰팡이, 박테리아 등의 번식이 쉽고 이에 따라 염증이 일어날 수 있는데 이것을 없애거나 예방하는 것이 두피 스케일링이며 두피의 기능을 정상화 시키는 과정을 말한다.

1) 두피타입별 스케일링제

보통 두피스케일링 제품에는 멘톨이나 페퍼민트 같은 시원한 성분들이 들어 있어 두피를 시원하게 한다. 두피스케일링제는 두피타입에 맞추어 적당한 제품을 선택한다.

① 민감성 두피

민감한 두피에는 두피를 안정시키기 위한 활성성분이 들어있고 두피와 모발에 유 수분 균형을 고려한 제품을 고른다.

② 비듬성 두피

비듬과 각질이 많은 두피는 각질을 감소시키기 위해 미생물이나 곰팡이가 증식하지 못하도록 피지 조절을 할 수 있는 성분이 들어있는 것을 고른다.

③ 지성 두피

기름기가 많은 두피에는 과다한 피지 형성을 방지하기 위해 두피의 피지 발란스를 맞춰주는 성분들이 들어있는 제품을 고른다.

2) 스케일링제의 종류

① 액상 타입

가벼운 각질및 피지를 제거할 때 사용되며 두피 스케일링시 피부로 흘러내릴 수가 있기 때문에 주의해야 한다.

② 젤 타입

일반적인 각질 및 피지를 제거할 때 사용한다.

③ 크림 타입

심한 각질 및 과잉 피지 제거에 사용되며 스케일링시 모발에 부착될 수 있기 때문에 두피에 정확히 도포해야 한다.

3) 스케일잉시 사용되는 도구

스케일링 시 두피에 도포되는 도구로는 압축 솜, 스틱면봉, 스토이드 등 여러도구를 이용하게 되는데 이때 주위 사항은 시술전 관리사및 시술도구에 소독을 통해 고객에게 세균 전이를 막는 것이 중요하다.

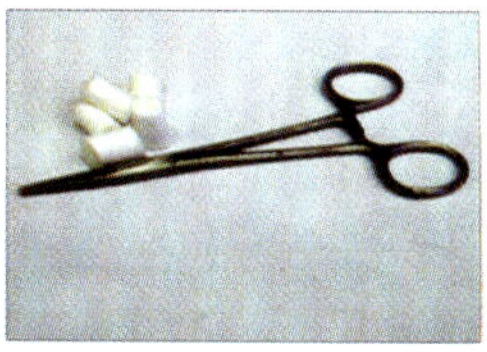
압축솜

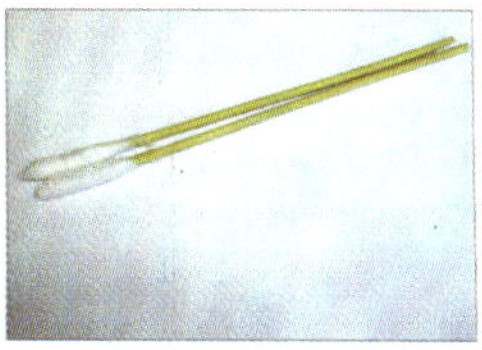
스탁면봉

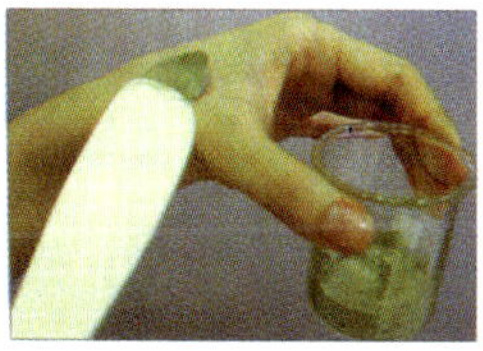
손 사진

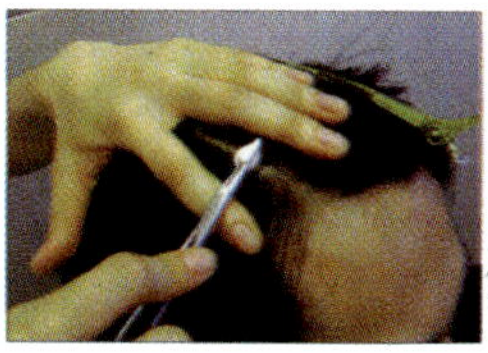
압축솜 도포

스탁면봉 도포

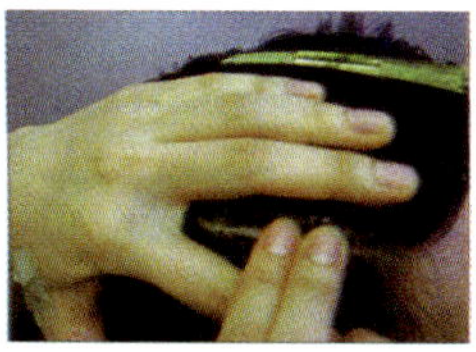
손 도포사진

Memo

Memo

4) 스케일링 시술방법

① 모발을 빗질한다.

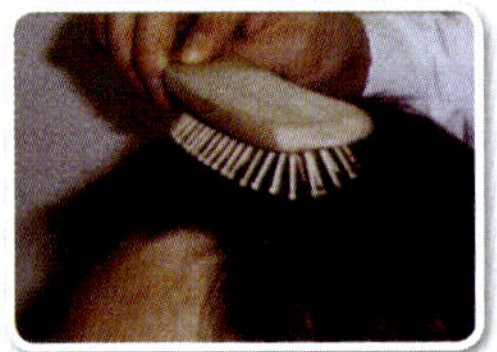

② 두부를 4등분 한다.

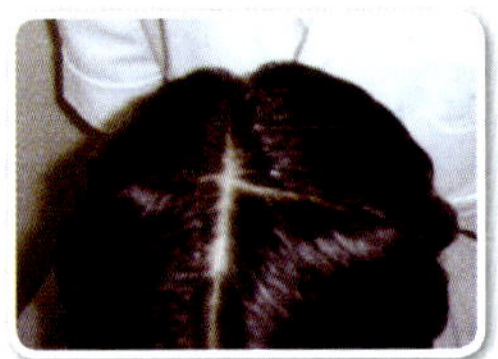

③ 전두부부터 시작하여 측두부로 이동한다.
(이때 간격은1-1.5cm를 유지한다)

④ 정수리부터 네이프 라인까지 시술한다.

⑤ 헤어라인을 마무리 한다.

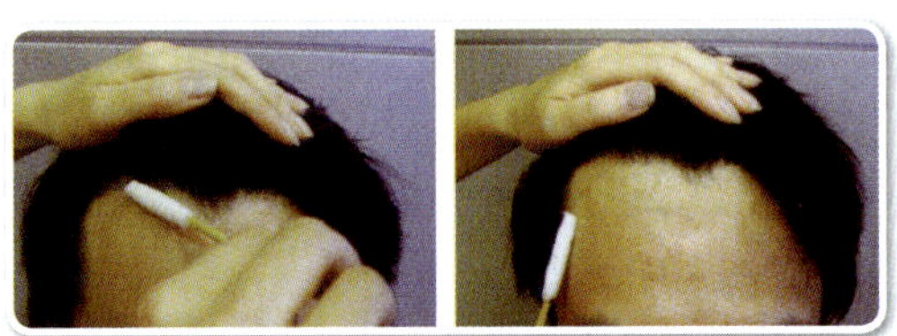

⑥ 모발을 정리한다.

5) 주의 사항

① 정확한 섹션을 나눈다.
② 섹션을 나눌때는 꼬리빗을 이용한다.
③ 도포시 모발에 엉킴을 주의하고 긴 모발일 경우 고객 안면으로 모발이 넘어가지 않도록 모발을 잘 고정한다.
④ 크림타입일 경우 충분히 유화한 뒤 헹구어 낸다.
⑤ 제품별 사용법을 숙지한다.
⑥ 시술전, 후 사용도구는 소독을 한다.
⑦ 주변 정리를 한다.

Memo

Report

각 제품의 특성을 이해하고 좌식샴푸와 두피스케일링의 실전기법을 익힌다.

Chapter IX

두피관리 기기

1 기기사용의 목적

Memo

문제성두피 관리에 사용되는 기기는 종류와 기능이 다양하다. 이러한 다양한 기기의 사용은 두피 모발의 문제점을 개선하고 두피질환과 탈모예방에 효과적으로 사용된다. 두피관리용 기기는 크게 진단용 기기와 관리용 기기로 분류할 수 있다.

기 기	용 도
진단용 기기	두피 모발의 다양한 진단기능 과학적인 진단을 통한 정확한 상태 분석 효율적인 관리를 위한 전단계의 활용기기
관리용 기기	두피 모발제품의 효율적인 경피 흡수 혈액순환 촉진시켜 모발성장에 유리한 환경 조성 두피 모발제품에 의한 트러블 예방

2 기기의 분류

1) 진단기기

탈모개념과 두피모발의 유형분석, 관리방법 등을 제시하며, 보다 체계적인 관리와 고객상담을 위한 탈모 두피 모발진단에 활용하고 있다.

Memo

그림 39 두피진단기

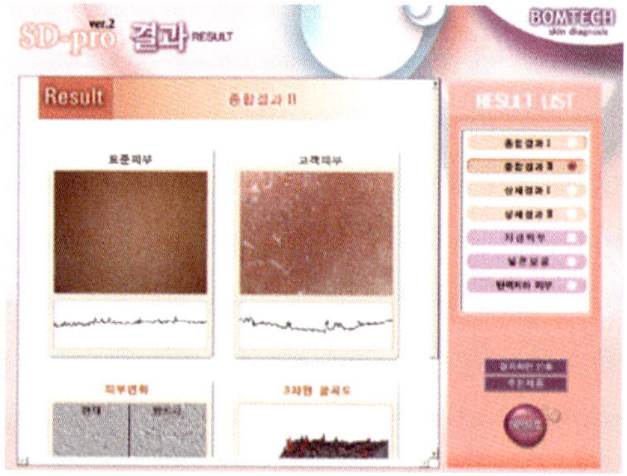

그림 40 진단 결과 화면

단위면적당 모발의 개수를 측정하는 모발밀도, 모발의 굵기, 모발의 손상도와 두피의 외적환경상태를 분석하며, 모공의 상태, 탈모진행정도 등을 다양하게 진단할 수 있다. 또한 진단 기능뿐만 아니라 고객의 진단 내역을 보관, 관리함은 물론 제품 관리, 매출 관리, 업소 관리등을 제공함으로서 전반적으로 폭넓은 활용을 하고 있다.

이처럼 두피진단기는 두피 모발의 진단 및 측정 기능뿐만 아니라 고객 관리기능과 업소 관리기능을 추가하여 매우 다양한 기종이 출시되고 활용도 높여가고 있다.

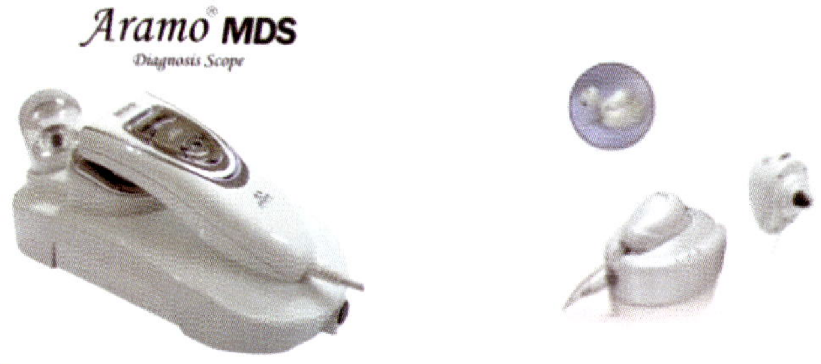

그림 41 두피진단기

표 진단배율별 진단 내용

배 율	진단 내용
×1	탈모진행정도 및 유형
×40, ×80, ×100	모발밀도, 두피외적상태, 두피톤
×200, ×300, ×400	두피 및 모공상태
×600, ×800	모발 손상도, 모발 굵기

진단기 사용 방법 및 활용

- 고객과의 충분한 문진과 시진후 확대 진단시 활용
- 용도별 렌즈배율을 선택
- 문제부위를 우선 진단후 전체 두피상태 진단
- 초점을 정확히 조절하여 두피 사용
- 적절한 압을 조절하여 진단
- 여러 차례 반복촬영으로 정확한 데이터 유지
- 진단기 관리프로그램을 숙지하여 활용
- 진단전후 렌즈 소독 및 세심한 관리
- 진단후 자료를 활용하여 관리프로그램 작성

2) 두피 고주파

① 원리

1초당 10KHz이상의 고주파 교류전류를 이용한 기기로서, 조직내 열을 발생시켜 세포의 활성을 높이는 동시에 진정 및 자극의 생리적 효과를 가져온다.

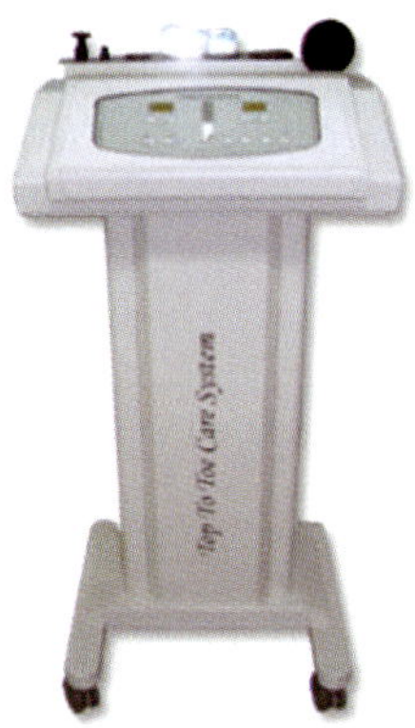

그림 41 고주파

② 효능

피부에 오존을 형성시켜 살균 및 소독, 진정효과가 있으며, 혈액순환을 촉진, 두피의 미세순환을 개선하며, 두피 분비물의 정상화, 두피의 세포 조직의 활성화에 효과가 있다.

Memo

Memo

고주파 사용방법 및 활용

- 금속류는 고객으로부터 제거
- 관리시간은 10분미만
- 사용목적에 따라 유리봉 선택
- 두피에서 고주파가 떨어지지 않도록 밀착 사용
- 전원을 끄지 않은 상태에서 플레이트를 떼어내는 행위 금물
- 심장, 피부질환등 질병이 있는 고객에 사용 불가
- 유리봉은 깨지지 않도록 주의깊게 사용
- 유리봉 사용후 소독

3) 적외선기

① 원리

적외선은 체온을 올리는 온열 효과로 혈행속도가 빨라져 혈액 순환을 원활히 하며, 혈액과 세포조직간의 신진대사 작용을 촉진한다.

그림 42 적외선

② 효능

770-880nm의 파장을 이용하여 피부 30mm 깊이 침투하여 세포의 온도를 상승시켜 신진대사 원활히 하여 이로 인한 혈액 순환개선을 촉진한다.

세균과 박테리아의 증식을 예방할수 있는 항 염증효과와 독소 및 노폐물을 체외로 배출시킨다.

적외선기 사용방법 및 활용

- 조사거리는 두피로부터 30㎝ 일정기리 유지
- 조사시간은 약 10M

4) 갈바닉 기기

① 원리

갈바닉 전류인 60-80V의 성질이 다른 음극(-)과 양극(+)의 미세한 직류 전류를 이용하여 두피의 여러 가지 화학작용을 한다.

그림 43 갈바닉 기기

② 효능

갈바닉 전류는 60%이상 수분을 함유하고 있는 피부를 통과할 때 성질이 다른 음극과 양극에 의하여 두피의 유효성분의 흡수를 용이하게 하는 이온토프레시스관리와 두피의 노폐물 배출시켜 제거하는 디스인크러스테이션관리에 효과적이다.

갈바닉 전류를 이용하여 두피봉의 음극, 양극이온 전류자극을 통해 두피의 모세혈관을 자극하여 두피의 혈행을 개선시키며, 제품의 경피흡수율을 증가, 노폐물의 배출을 촉진시키는 역힐을 한다.

갈바닉 기기 사용방법 및 활용

- 열에 의한 화상주의
- 사용하고자 하는 제품의 극을 정확히 체크
- 전류를 서서히 올려주고 관리가 끝나면 전류를 서서히 내려줌

Memo

Memo

5) 레이저 기기

① 원리

레이저는 출력에 따라 고출력과 저출력 레이저로 구분이 된다. 저출력 레이저는 1-500mW정도로 열을 발생하지 않는 상태에서 광 에너지를 이용하게 된다. 저출력 레이저는 열을 발생하지 않는 것은 물론 어떠한 다른 손상 없이 피부의 표면을 투과하여 광 에너지만을 신체내부로 전달하게 된다. 저출력 레이저 광산을 흡수한 신체 세포들은 광 에너지를 세포의 손상을 치유할 수 있는 화학적인 에너지로 전환시켜, 이를 손상된 부위의 치유 및 고통 완화에 이용하게 된다.

② 효능

레이저 단자는 두피에 직접 닿아 레이저 흡수력이 우수하다.

직접 닿는 레이저 단자는 진피속으로 깊숙이 침투되어 모세혈관의 혈류량과 임파류를 증가시킨다. 진동 기능은 두피의 모세혈관을 자극하며, 동시에 굳어진 근육을 부드럽게 하며, 레이저의 자극으로 모근과 모세 혈관이 건강해진다.

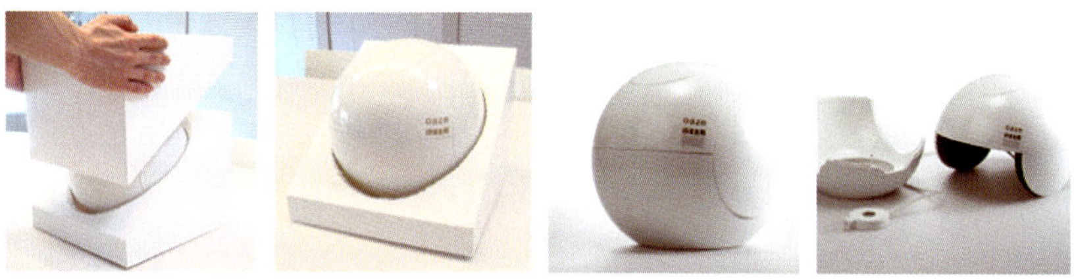

그림 44 레이저 기기 오아제

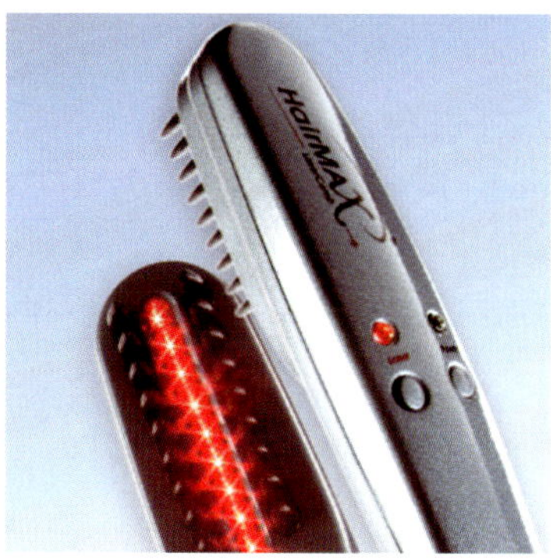

그림 45 레이저 기기 헤어맥스 빗

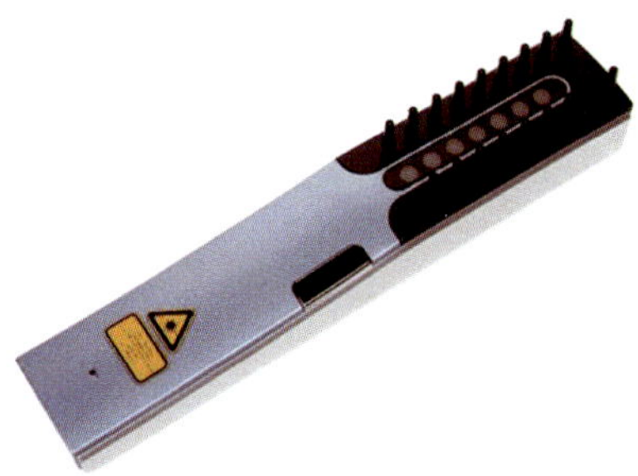

그림 46 레이저 기기 헤어가드

레이저 기기 사용방법 및 활용

- 레이저 조사시 직접 눈으로 바라보지 말것
- 체내 전자 기기 사용자에게는 사용 금지
- 임산부 등 질병이 있는 고객에게는 사용 금지

6) 워터펀치 기기

① 원리

수압, 수류, 진동을 이용한 두피의 노폐물을 제거하여 모공을 완전히 열어주는 작용을 한다.

② 효능

두피와 모공에 축척된 과잉피지, 노폐물, 오염물질등 강한 세정력으로 모발성장에 방해가 되는 요인들을 제거하여 육모 환경을 만들어주며 워터 파워로 세정효과 뿐만 아니라 두피 마사지효과로 혈행을 개선시켜준다.

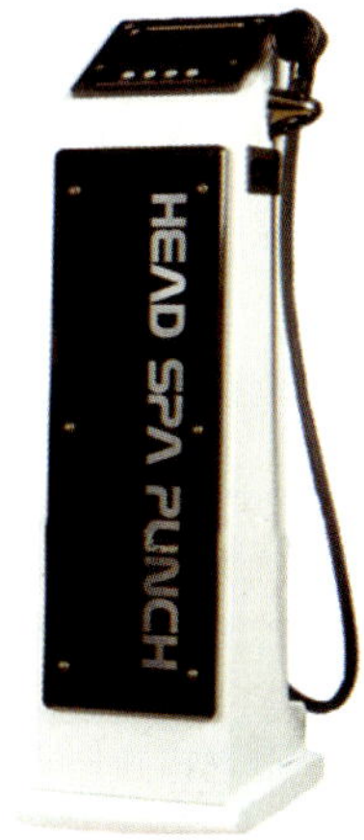

그림 47 헤드워터 펀치 기기

Memo

워터펀치 기기 사용방법 및 활용

- 물의 온도, 세기를 적당히 조절하여 두피가 손상되지 않도록 시술
- 두피상태에 맞는 수압, 사용량의 선택
- 두피의 건강상태, 모발의 길이에 따라 강약조절

Memo

7) 스티머 기기

① 원리

수분과 열의 연화작용을 통한 두피의 각질, 노폐물을 제거한다.

② 효능

두피 스켈링 시술시 스켈링제품의 연화작용을 촉진시켜주며, 두피에 수분을 공급하며, 온열작용으로 모공확장 및 혈액 순환을 촉진시켜준다.

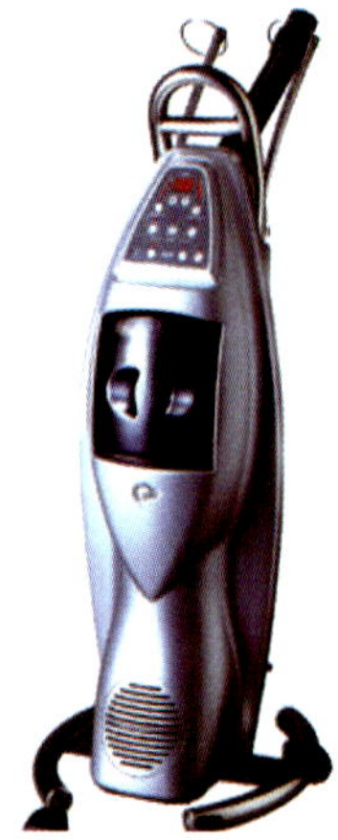

그림 48 스티머 기기

스티머 기기 사용방법 및 활용

- 두피상태에 따라 관리시간 및 온도 조절
- 열과 수증기를 이용한 기기이므로 다른 피부 부위 보호
- 시술후 스티머의 이물질 제거

8) 필링 기기

① 원리

초음속으로 가속된 산소와 피부재생을 촉진시키는 약품이 포함된 액체가 미세한 방울 형태로 피부에 분사되면서 피부의 죽은 세포층을 벗겨내고, 산소와 액체에 포함된 약품의 작용으로 피부의 신진대사를 촉진, 피부 세포층의 재생을 자극하는 기기이다.

② 효능

제트필 (레이저필링)은 우리 삶의 근원인 물과 산소를 이용한

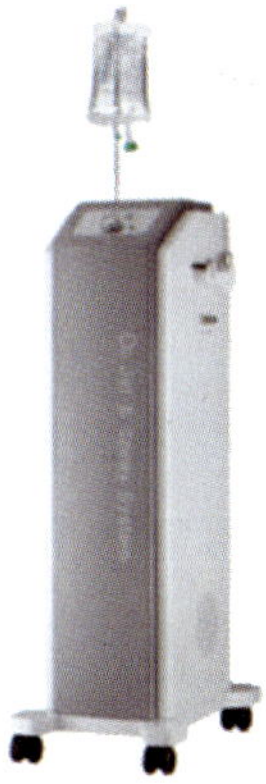

그림 49 필링기기 오투젯 클리어

그림 50 필링기기 제트필

신개념의 필링 시스템으로 산소의 압력만으로 동작하는 초음속의 분사력을 이용하기 때문에 보습 작용을 주며, 풍부한 산소는 뛰어난 미백효과와 피부의 신진대사를 활성화시킨다.

또한 각질을 제거하여 두피의 신진대사를 활성화시킨다.

필링 기기 사용방법 및 활용

- 레이저 같은 다른 필링과 병행 사용 가능
- 두피의 각질제거에는 효과가 있지만 지나친 자극은 자제
- 두피상태를 정확히 파악한 후 시술

9) 복합두피관리기

① 원리

두피관리시 필요한 여러 가지 기능을 하나의 장비에 셋팅된 기기로서 쉽고 간편하게 효율적으로 사용할수 있다.

② 효능

a. 제트필 기능: 물과 강한 압을 이용하여 각질을 제거

Memo

Memo

그림 51 복합두피관리기 옥토라인

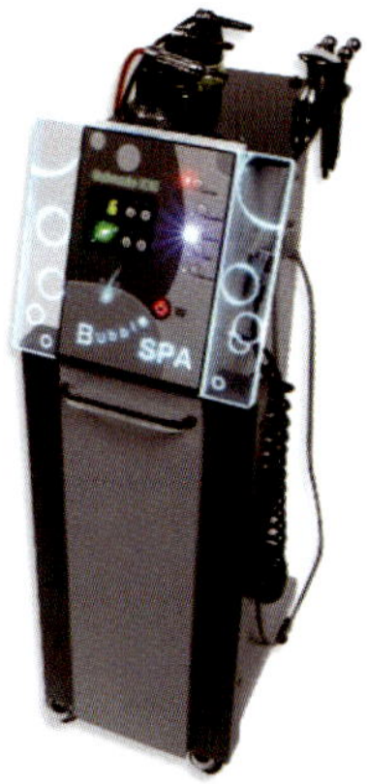

그림 52 복합두피관리기 버블스파

b. 분사기 기능: 산소 스프레이로 제품 침투 효과
c. 스킨스크러버 기능: 각질제거와 저초음파를 이용한 리프팅 마사지 효과
d. 이온토프레스시스 핀셋봉 기능: 앰플 및 영양물질 침투
e. 이온토프레스시스 롤러봉 기능: 영양물질 침투
f. 리프팅 마사지 기능: 전류자극을 이용한 미세한 리프팅 마사지 효과
g. 초음파 마사지 기능: 초음파를 이용한 리프팅 마사지 효과

10) 메조건

① 원리

소량의 치료 약물을 특수한 주사 기구인 메조건의 아주 가는 주사바늘을 사용하여 피부층과 피하층에 주사하는 것이다. 보통의 주사와 달리 수십-수백군데 주사하지만 아주 가는 바늘로 자동화된 특수 주사 기구를 사용하므로 통증이 거의 없다.

② 효능

주사한 부위의 혈액 순환과 림프 순환을 증가시키며, 두피내에 영양을 침투시키므로서 탈모개선에 효과적이다.

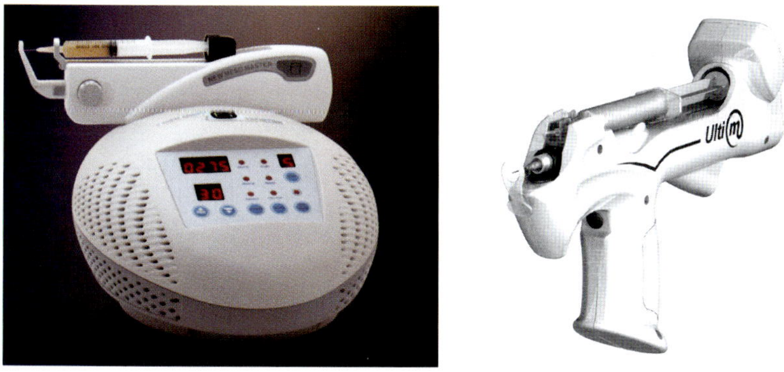

그림 53 메조건

Report

각 기기의 종류와 특성을 익힌다.

2012년 교육과정 및 자격검정 안내

지식경제부 허가
사단법인 대한가발협회 Korea Wig Association.
서울시 송파구 문정동 가든파이브 라이프동 테크노관 T8003-5
전화 02-6396-3388 / 팩스 0303-0396-3388 / Http://kiht.org

가발전문가과정 자격검정

1. KoWA 가발전문가 1급/1차 필기검정 기준
2. KoWA 가발전문가 1급 실기 테크닉 검정 기준
3. KoWA 가발전문가 2급 필기 검정 기준
4. KoWA 가발전문가 2급 실기 검정 기준
5. 자격검정 일정안내

1 KoWA 가발전문가 1급/1차 필기검정 기준

[KoWA 가발전문가 1급 과장 자격검정 기준 및 목표]
가발전문가의 사회적 역할과 필요성이 중요시 되고 있는 현시점에서 보다 현실적이며 산업체에서 요구하는 전문성을 갖춘 실질적 업무능력과 컨설턴트 업무를 수행할 수 있도록 교육하며 그에 준한 자격검정 시험을 통해 교육기관, (사)대한가발협회 및 산업체의 연계성을 통해 보다 더 우수한 인력을 배출하는데 그 목표가 있다.

[출제 및 평가방법]
1차 필기검정 (객관식 4지 선다형 100문항 출제)

[합격기준]
100점 만점/평균 70점 이상 합격

[심사방법]
(감독위원은 협회의 규정에 준하는 별도의 심사위원 교육과정 이수자 위촉)
KoWA에서 위촉된 가발전문가 자격검정 심사위원에 한하여 감독 자격이 주어지며 심사위원은 반드시 KoWA의 심사규정을 준수하여야 한다.

[시험시간]
1차 (4지 선다형) – 100분

[출제범위]
KoWA 가발전문가 1급 교재 및 1급 예상문제집

2 KoWA 가발전문가 1급 실기 테크닉 검정 기준

[출제 및 평가방법]
실기
출제유형(작업지시서 작성+실기): 합격기준: 70점 이상
제시된 유형에 맞게 작업지시서를 작성한다.
각 과정별 시술 시간과 체크 사항은 따로 표기한다.

[합격기준]
100점 만점 기준, 과락 없이 평균 70점 이상 득점자

[시험시간]
2차 (실기) – 180분(3시간)

[준비물]
응시표, 신분증, 필기도구, 실기 제품 일체

구성(보급형)		가격
키트구성품	부분가발(탑피스), 탈모용마네킹 or 패션가발,클립, 고객상담카드, 작업지시서, 가발전용 브러쉬, 꼬리빗,나노스킨테입, 레드롤테잎, 가발거치대, 줄자, 넛팅바늘, 바늘대, 넛팅용망사캡	75,000
개별구입품	클립용 바늘과 실, 패턴테잎, 패턴비닐, 문구용 가위, 수성팬, 일반압정, 방울핀	

구성(고급형)	가격
전체가발1개, 반가발1개, 탑피스1개, 패턴용비닐3장, 테잎3개, 수성펜3종, 줄자1개, 고객카드, 상담카드, 작업지시서, 클립4개, 실, 바늘, 비닐쇼핑백, 가발브러쉬, 꼬리빗, 가위, 넛팅바늘대, 넛팅바늘, 넛팅망	100,000

[실기테크닉 시험 채점항목 및 배점]

(1) 준비물 (3분/5점) KoWA 지정 규격제품으로 일원화

시술순서
시험준비물 → 가발디자인 작업지시서 작성 → 가발 디자인 → 넛팅 → 스타일내기 → 정리

- 실기검정에 필요한 모든 준비물의 상태
- 시술자 및 모델의 복장 및 위생상태

(2) 작업지시서 작성 (10분/20점)
- 체크 포인트 ···› 나만의 가발을 디자인하여 작업지시서를 작성한다.
- 작업지시서를 작성함으로써 새로운 디자인 가발을 연출할 수 있다.

(3) 가발제작 디자인 (60분/25점)

- 체크 포인트 ···› 헤어스케치, 디자인 가발도안
- 새로운 디자인을 구상하여 나만의 가발 디자인을 만들어낸다.
  (준비물품목 도구 모두 사용가능, 스케치 디자인)

(4) 넛팅 (30분/20점)

- 체크 포인트 ···› 디자인에 맞게 넛팅기법을 사용하였는지 체크
- 연출된 디자인과 넛팅 기법의 자연스러운 조화도에 중점을 둔다.

(5) 가발스타일 (60분/25점)

- 체크포인트 ···› 원사별 특징 – 컷, 아이롱 기법, 펌, 염색
- 디자인 스타일을 연출한다.

(6) 정리 (2분/5점)

- 체크 포인트 ···› 주변정리
- 작업지시서, 가발 디자인, 넛팅의 일치성과 디자인의 연출이 조화롭게 이뤄졌는지 체크.

[심사방법]
(실기감독위원은 협회의 규정에 준하는 별도의 심사위원 교육과정 이수자 위촉함)
KoWA에서 위촉된 가발전문가 자격검정 심사위원에 한하여 감독 자격이 주어진다.

3 KoWA 가발전문가 2급 필기 검정 기준

[KoWA 가발전문가 2급 과정 자격검정 기준 및 목표]
가발전문가의 사회적 역할과 필요성이 중요시 되고 있는 현시점에서 보다 현실적이며 산업체에서 요구하는 전문성을 갖춘 실질적 업무능력을 발휘할 수 있도록 교육하며 그에 준한 자격검정 시험을 통해 교육기관, 사)대한가발협회 및 산업체의 연계성을 통해 보다 더 우수한 인력을 배출하는데 그 목표가 있다.

[출제 및 평가방법]
객관식 4지 선다형 50문항 출제 (2점×50문항 = 100점)
합격기준: 100점 만점 60점 이상

[심사방법] 이론
실기감독위원은 사)대한가발협회의 규정에 준하는 별도의 심사위원
교육과정을 이수 후 심사에 합격한 자로 위촉함

[시험시간]
필기: 50분
실기: 90분

[출제범위]
KoWA 가발전문가 2급 교재 및 2급 예상문제

4 KoWA 가발전문가 2급 실기 검정 기준

[출제 및 평가방법]
출제유형(작업지시서 작성+실기): 합격기준: 60점 이상
각 과정별 시술 시간과 체크 사항은 따로 표기한다.
합격점: 100점 만점 60점 이상

[준비물]
응시원서, 실기제품 일체

구성(보급형)		가격
키트구성품	부분가발(탑피스), 탈모용마네킹 or 패션가발,클립, 고객상담카드, 작업지시서, 가발전용 브러쉬, 꼬리빗,나노스킨테입, 레드롤테잎, 가발거치대, 줄자, 넛팅바늘, 바늘대, 넛팅용망사캡	75,000
개별구입품	클립용 바늘과 실, 패턴테잎, 패턴비닐, 문구용 가위, 수성팬, 일반압정, 방울핀	

구성(고급형)	가격
전체가발1개, 반가발1개, 탑피스1개, 패턴용비닐3장, 테잎3개, 수성펜3종, 줄자1개, 고객카드, 상담카드, 작업지시서, 클립4개, 실, 바늘, 비닐쇼핑백, 가발브러쉬, 꼬리빗, 가위, 넛팅바늘대, 넛팅바늘, 넛팅망	100,000

[실기테크닉 검정 채점항목 및 배점]

시술순서
시험준비물 → 고객상담카드작성 → 패턴작업 → 작업지시서작성 → 넛팅(반싱글, 반더블) →스타일내기 → 정리

(1) 준비물: (3분/5점) KoWA 지정 규격제품으로 일원화
- 실기검정에 필요한 모든 준비물의 상태
- 복장 및 위생상태

(2) 고객 상담카드작성 (10분/15점)
고객 상담카드를 정확히 작성함으로써 고객에 대한 전문인으로서의 인식 고취와 기초 상담의 중요성을 일깨워 주고, 진단 및 어드바이스를 함에 중요성을 더한다.

(3) 패턴작업 (20분/20점)
체크 포인트 ···› 패턴의 두께, 양쪽 대칭, 디자인
고객의 탈모범위에 맞는 패턴을 작업함으로써 고객의 두상에 딱 맞는 투페를 제작할 수 있다.

(4) 작업지시서 작성 (10분/20점)
체크 포인트 ···› • 상담카드와 작업지시서의 일치성
• 탈모범위에 맞는 패턴작업이 이뤄지는지 체크
고객이 원하는 가발을 제작할 수 있으며 단점을 장점으로 보안하는 작업을 할 수 있다.

(5) 넛팅(30분/15점)
체크 포인트 ···› 원사의 텐션조절, 자연스러움
넛팅(반싱글, 반더블)후 넛팅의 이해력과 텐션조절 체크.

(6) 스타일 내기(15분/20점)
체크포인트 ···› 투페와 본 헤어와의 조화
고객의 기존 헤어와 투페와의 조화, 자연스러움을 연출함으로써 가발 같지 않고 본머리와의 일치성.

(7) 정리: (2분/5점)
체크 포인트 ···› 주변정리
작업지시서, 가발 디자인, 넛팅의 일치성과 디자인의 연출이 조화롭게 이뤄졌는지 체크.

5 자격검정 안내

(1) 연간 검정일정

① 가발전문가과정

	필기(년5회)	실기(년5회)
2급	2, 4, 6, 8, 10월	3, 5, 7, 9, 11월
1급		
수시검정: 15명 이상 응시할 경우, 희망하는 시간, 장소에서 시험 진행할 수 있음		

② 가발전문강사과정 (국내 전문강사 포함)
[국제] 년 1–2회 (1차 서류심사, 2차 실기 수료, 3차 국제 심사)
• 일 정: 1, 7월 (별도 공지)
[국내] 년 3–4회 (1차 서류심사, 2차 실기 수료, 3차 테스트)
• 일 정: 2, 4, 6, 8, 12월 (별도 공지)

(2) 응시료

	1차 필기	2차 실기	비고
2급	30,000원	50,000원	응시원서 1부, 반명함판사진 1매
1급	40,000원	60,000원	응시원서 1부, 반명함판사진 1매

2012년 교육과정 및 자격검정 안내

대한두피전문가협회
Korea Trichologists Association.
서울시 송파구 문정동 가든파이브 라이프동 테크노관 T8003-5
전화 02-6396-3388 / 팩스 0303-0396-3388 / Http://kiht.org

두피전문가과정 자격검정

1. KoTA 두피전문가 1급/1차 필기시험 기준
2. KoTA 두피전문가 1급/2차 논술시험 기준
3. 두피전문가 2급 필기시험 기준
4. 두피전문가 2급 실기 테크닉 시험 기준
5. 자격검정 연간일정 안내

1 KoTA 두피전문가 1급/1차 필기시험 기준

[KoTA 두피전문가 1급 자격검정 기준 및 목표]
두피전문가의 사회적 역할과 필요성이 중요시 되고 있는 현시점에서 보다 현실적이며 산업체에서 요구하는 전문성을 갖춘 실질적 업무능력과 컨설턴트 업무를 수행할 수 있도록 교육하며 그에 준한 자격검정 시험을 통해 교육기관, 대한두피전문가협회 및 산업체의 연계성을 통해 보다 더 우수한 인력을 배출하는데 그 목표가 있다.

[출제 및 평가]
1차 필기시험 – 객관식 4지 선다형 100문항 출제
교과목별 출제 비율

교과목	출제문항수	교과목	출제문항수
모발과학	15	인체생리학	10
영양학	10	두피관리학	15
성분학	10	탈모학	10
아로마테라피	10	임상학	5
전기 및 기기학	5	상담학	10

[합격기준]
100점 만점 기준 과락 없이 평균 70점 이상 합격

[심사방법]
(감독위원은 협회의 규정에 준하는 별도의 심사위원 교육과정 이수자 위촉)
KoTA 에서 위촉된 두피전문가 자격검정 심사위원에 한하여 감독 자격이 주어지며 심사위원은 반드시 KoTA 의 심사규정을 준수하여야 한다.

[시험시간]
1차 (4지 선다형) – 100분

[출제범위]
KoTA 두피전문가 1급 교재 및 1급 예상문제집

2 KoTA 두피전문가 1급/2차 논술시험 기준

[교과목]
모발학, 영양학, 성분 · 제조학, 아로마테라피, 기기학
상담학, 탈모학, 임상학, 인체생리학, 두피관리학

[시험출제]
1. 논술(40분) – 주어진 예시의 병변을 보고서 원인관리 ,처방 등을 정확하세 작성
   - 체크포인트 ···› 주어진 예시의 병변을 보고서 원인 관리, 처방 등을 정확하게 작성

2. 사진판독(10분) – 보고 원인, 증상, 관리법에 대하여 판독
   - 체크포인트 ···› 각각의 문제를 겪고 있는 문제성 두피 사진을 보고서 어떠한 두피 사진인지 분류하고 판독할 수 있는지 체크

3. 호르몬판독(10분) – 탈모를 일으키는 호르몬의 위치에 맞게 명칭 표기
   - 체크포인트 ···› 제시된 그림을 보고 각각 분비되는 호르몬의 종류와 위치를 정확히 파악하는지 체크

[합격기준]
100점 만점 기준 과락 없이 평균 70점 이상 합격

[시험시간]
2차 (서술형) – 60분

[심사방법]
KoTA에서 위촉된 두피전문가 자격검정 심사위원에 한하여 감독 자격이 주어지며 심사위원은 반드시 KoTA의 심사규정을 준수하여야 한다.

[출제범위]
KoTA 두피전문가 1급 교재 및 1급 예상문제집

3 두피전문가 2급 필기시험 기준

[KoTA 두피전문가 자격검정 기준 및 목표]
국제두피전문가의 사회적 역할과 필요성이 중요시 되고 있는 현시점에서 보다 현실적이며 산업체에서 요구하는 전문성을 갖춘 실질적 업무능력을 발휘할 수 있도록 교육하며 그에 준한 자격검정 시험을 통해 교육기관, 국제두피가발전문가연합 및 산업체의 연계성을 통해 보다 더 우수한 인력을 배출하는 데 그 목표가 있다.

[출제 및 평가]
- 객관식 4지 선다형 50문항 출제
- 교과목별 출제 비율

교과목	출제문항수
모발생리학	22
두피관리학	9
영양학	6
성분학	3
아로마테라피	3
기기학	3
고객상담 및 마사지	5

2점×50문항 = 100점
합격점: 100점 만점/60점 이상

[심사방법] 이론 및 실기
실기감독위원은 국제두피가발전문가연합의 규정에 준하는 별도의 심사위원
교육과정을 이수자 하고 심사에 합격한 자로 위촉함

[시험시간]
50분 (필기)

[출제범위]
대한두피전문가협회 2급 교재 및 2급 예상문제

[준비물]
응시표, 신분증, 필기도구(사인펜)

4 두피전문가 2급 실기 테크닉 시험 기준

[출제 및 평가방법]
- 1차 (객관식)/100점 만점
- 2차 (실기)/100점 만점 (상담카드 작성 30점, 실습 70점)

1차 – 출제유형(객관식): 50문항 –합격기준: 60점 이상
2차 – 출제유형(상담카드 작성+실습/모델동반): 합격기준: 60점 이상
각 과정별 시술 시간과 체크 사항은 따로 표기한다.

[준비물]
응시표, 신분증, 필기도구, 흰색 타올(2장), 거즈(탈지면),
반창고, 분무기(샴푸), 나무브러시, 상의 흰색 라운드티셔츠, 어깨보, 흰색가운 착용
관리제품 일체 (스켈링제, 샴푸, 앰플)
거치대세트(거치대, 우드스틱 2개, 시험관 2개, 꼬리빗, 집게핀 4개)

• 대한두피전문가협회 사무국에서 제공하는 관리제품 및 거치대 세트

구성	가격
교육 기관용(샴푸, 스켈링, 앰플, 거치대) 시험용60ml 스틱4, 시험관2개, 꼬리빗, 집게핀 5개	30,000원

[실기테크닉 시험 채점항목 및 배점]

시술순서
시험준비물 → 고객 상담카드 → 진단 및 처방 → 브러싱 → 스케일링→ 마사지 → 샴푸 → 영양공급(앰플)

(1) 복장 및 위생: (20점) 대한두피전문가협회 규격제품으로 일원화
• 실기검정에 필요한 모든 준비물의 상태
• 시술자 및 모델의 복장 및 위생상태

고객에게 자신을 소개하고 각 시술에 있어 고객에게 시작과 끝을 반드시 알림
예) 안녕하십니까, 고객님. 저는 트리콜로지스트 홍길동 입니다!
고객님의 두피관리를 담당하게 되었습니다. (고객이 들을 수 있는 정도의 목소리)

(2) 고객 상담카드작성 및 진단과 처방: (15분/20점)
고객 상담카드를 정확히 작성함으로써 고객에 대한 전문인으로서의 인식 고취와 기초 상담의 중요성을 일깨워 주고, 진단 및 처방을 함에 중요성을 더한다.

(3) 마사지: (15분/20점) 모델 동반 인체에 실제 마사지
• 체크 포인트 ···› 자세, 혈점 위치, 숙련도, 멘트 및 전문성
• 시술자 멘트: 마사지를 시작하겠습니다. 시술 중 불편하시면 말씀해 주십시오. 시작하겠습니다!
• 목적과 효과: 고객의 안정 및 스트레스 해소 그리고 두피의 혈액순환을 돕고 두피영양 공급을 더욱 효과적으로 하기 위함입니다.

(4) 스케일링: (15분/20점)
• 체크 포인트 ···› 4등분, 정확한 섹션(다이아몬드형) 및 숙련도

- 시술자 멘트: 고객님, 두피세정 작업인 스케일링을 시작하겠습니다. 수고하셨습니다.
- 목적과 효과: 두피의 오래된 각질제거하기 위함입니다.

(5) 샴푸: (15분 /20점)

- 체크 포인트 ···› 숙련도, 위생(거품처리), 흘러내림 방지
- 시술자 멘트: 샴푸를 해드리겠습니다. 시술 중 불편하시면 말씀해 주십시오.
  시작하겠습니다! 수고하셨습니다.
- 목적과 효과: 두피와 모발의 세정을 통하여 고객에게 청량감과 안정감을 주고, 앰플과 트리트먼트 도포 전 모발을 건조시켜 영양분을 투입시키기 위함입니다.
- 주변정리: 체크 포인트 ···› 주변정리

5 자격검정 연간일정 안내

[시험일정]

(1) 두피 전문가

	1차 필기	2차 실기	비고
2급	20,000원	40,000원	응시원서 1부, 반명함판사진 1매
1급	30,000원	50,000원	응시원서 1부, 반명함판사진 1매

(2) 두피강사트레이닝 (국내 인증강사 포함)

[국제] 년1-2회

[국내] 수시교육

- 일정: 1, 7월 (별도 공지)

[응시료]

	필기(년4회)	실기(년4회)
2급	3, 6, 9, 12월	1, 4, 7, 10월
1급		
수시고사: 15명 이상 수험생이 응시할 경우 희망하는 시간, 장소에서 진행 가능함		

Type

A

두피관리 문제은행
Associate Trichologist(Level II)

출제: 두피가발문화연구센터
사)대한가발협회 학술위원회

서울시 송파구 문정동 516 가든파이브 라이프동 8층 T-8003-5호
Tel : 02-6396-3388 / 02-2157-7767 Fax : 0303-0396-3388

1. 트리콜로지스트가 갖추어야 할 필수요건으로 맞지 않는 것은?
① 두피와 모발의 전문가적인 분석능력
② 전문관리 제품에 대한 지식과 활용능력
③ 상태 파악 보다는 주관적인 관리시술과 테크닉
④ 신뢰감을 주는 상담능력

2. 두피관찰과 진단의 실제에 있어 촉진법으로 분석할 수 있는 것으로 옳지 않은 것은?
① 각질상태 ② 피지분비량
③ 모구 상태 ④ 탄력, 두께 정도

3. 문진법으로 정확히 파악할 수 있는 내용이 아닌 것은?
① 식사 ② 두피 타입
③ 수면 ④ 생활습관

4. 기본 두피관리의 순서로 가장 알맞은 것은?
① 지식습득-상담-프로그램선택-관리-홈케어지도
② 지식습득-프로그램선택-상담-진단-관리-홈케어지도
③ 지식습득-상담-진단-프로그램선택-홈케어지도
④ 상담-진단-프로그램선택-관리-홈케어지도

5. 모발을 이루고 있는 아미노산 가운데 가장 많은 비율을 차지하고 있는 것은?
① 아르기닌 ② 세린
③ 티로신 ④ 시스틴

6. 고객이 집에서 지속적인 관리를 할 수 있도록 조언해 주는 것은?
① 홈 케어 지도 ② 관리
③ 적절한 프로그램 선택 ④ 진단

7. 모발 샴푸(shampoo)에 가장 적당한 물은?
① 36-38℃정도의 연수 ② 20-25℃정도의 경수
③ 36-38℃정도의 경수 ④ 25-30℃정도의 연수

8. 당질의 분류가 맞게 짝지어진 것은?
① 단당류 - 포도당,갈락토오스
② 이당류 - 갈락토오스,유당
③ 다당류 - 글리코겐,맥아당
④ 단당류 - 과당,자당

9. 두피에 도포시 흡수경로에 대하여 나열하였다. 올바른 것은?
① 모공 > 표피 > 한공 ② 표피 > 모공 > 한공
③ 한공 > 표피 > 모공 ④ 모공 > 한공 > 표피

10. 에피큐티클의 심한 손상모에 좋은 것은?
① 광물성 오일이 함유된 것
② 단백질 성분이 함유된 것
③ 식물성 오일이 함유된 것
④ 수분이 다량 함유된 것

11. 다음은 어떠한 문제성 두피를 말하는가?

> 반(pach)형성과 모발이 난 자리는 붉은 점처럼 보이며 백반증을 동반, 대부분 두피 안에서 모발에 발생하나 가끔 눈썹, 턱수염, 음모 등에서도 발생하며 크기는 다양하다.

① 두피 백선 ② 두부 건선
③ 아토피 피부염 ④ 원형 탈모

12. 우리 몸의 구성 성분인 케라틴을 가장 많이 함유한 것은?
① 동물성 단백질 ② 식물성 단백질
③ 동물성 지방질 ④ 수분

13. 두피 및 모발 실제 관리시술 순서가 바른 것은?
① 상담-진단-스켈링-샴푸-영양공급-특수관리-홈케어
② 상담-스켈링-샴푸-진단-영양공급-샴푸-특수관리-홈케어

③ 상담–샴푸–영양공급–진단–스켈링–샴푸–특수관리–홈케어
④ 상담–스켈링–진단–샴푸–영양공급–특수관리–홈케어

14. 관리사의 개인위생과 거리가 먼 것은?
① 밝은 계통의 청결하고 세탁이 편리한 위생복을 착용한다.
② 손톱은 항상 짧게 하고 단정하게 한다.
③ 외적으로 장신구 및 액세서리를 하여 항상 세련되게 한다.
④ 구강 구취에 신경을 쓴다.

15. 트리콜로지스트의 복장 및 위생 상태가 바르지 않은 것은?
① 균형 잡힌 자세를 취해야 한다.
② 손톱, 머리상태, 복장을 깨끗하게 하여야 한다.
③ 앉아 있을 때는 의자 뒤에 엉덩이를 붙여서 앉는다.
④ 다리를 꼬고 앉지 말고 높은 굽의 구두를 착용 한다.

16. 상담 중 두피분석의 목적이 아닌 것은?
① 두피(피부)상태를 결정하여 적절한 트리트먼트를 선택을 위해
② 고객의 나이와 건강상태를 관찰하여 두피(피부)분석의 중요한 요소로 상기한다.
③ 고객에게 제품을 판매하기 위해
④ 고객의 두피(피부)타입을 알아 올바른 관리를 하기 위해

17. 고객을 대할 때의 예절과 관계가 없는 것은?
① 전문가로서 고객에게 친절로 대한다.
② 전화예절은 관리사의 인격과 관리실의 수준을 높이고 고객이 평을 할 수 있다.
③ 훌륭한 언어를 사용하고 예의 있게 행동 한다.
④ 상대방의 마음을 읽고 고객보다 한발 앞서 얘기 하며 손님을 이끌도록 한다.

18. 다음 비타민 중에서 어느 비타민이 부족하면 비듬이 많이 생기는가?
① 비타민B1　② 비타민VA
③ 비타민D　④ 비타민E

19. 모발의 영양 공급에서 가장 중요한 것은?
① 당분의 공급　② 단백질의 공급
③ 지방분의 공급　④ 섬유질의 공급

20. 탈모 방지에 좋은 음식으로 짝지은 것이 아닌 것은?
① 콩, 찹쌀　② 두부, 우유
③ 달걀노른자, 호두　④ 버섯, 커피

21. 수분이 인체에 미치는 영향으로 틀린 것은?
① 신체의 대사를 도와 영양분을 용해, 소화흡수를 용이하게 함
② 체온조절기능
③ 피부에 수분 부족 시 탄력성 저하와 노화촉진
④ 신경과 근육의 흥분

22. 수분 결핍 시 인체에 나타나는 현상으로 틀린 것은?
① 피부가 거칠어진다.
② 피부가 건조해지며 윤기와 탄력을 잃는다.
③ 염증을 유발하여 트러블이 야기된다.
④ 체온이 올라간다.

23. 비타민C의 기능을 설명한 것 중 틀린 것은?
① 멜라닌 색소의 증식 억제
② 알레르기성 피부에 역효과
③ 모세혈관벽을 강화
④ 콜라겐 생합성조절에 관여

24. 사람의 혈액에 존재하는 유일한 당질은 무엇인가?
① 포도당　② 과당
③ 전화당　④ 맥아당

25. 비타민A의 결핍증으로 잘못 설명된 것은?
① 한선과 피지선의 활동 퇴화
② 표피성정과 색소침착
③ 모발조기 퇴색
④ 손톱의 갈라짐

26. 다음의 설명으로 알 수 있는 호르몬의 종류는 무엇인가?
① 성장호르몬　② 갑상선 자극 호르몬
③ 부신피질 호르몬　④ 성선 호르몬

27. 인체가 하루에 필요로 하는 최소한의 물은 양은 어느 정도 인가?
① 1L　② 1.5L　③ 2L　④ 2.5L

28. 세포벽을 구성하는 셀룰로오스를 포함한 물질은 무엇인가?
① 무기질　② 식이섬유
③ 다당류　④ 메치오닌

29. 식이섬유의 생체내 기능에 대한 설명으로 잘못된 것은?
① 변의 양 증가
② 장내 순환 담즙산의 감소
③ 콜레스테롤 흡수 증가

④ 장의 연동운동 촉진

30. 알코올이 인체에 미치는 영향으로 적당하지 않은 것은?
① 간 손상 ② 신경상애
③ 위장장애 ④ 정서안정

31. 신체 내에서 뼈와 치아에 석회화 및 에너지 대사에 작용하며 유전정보를 전달하는 기능을 가진 영양소는 무엇인가?
① 인 ② 마그네슘 ③ 철 ④ 요오드

32. 어린이 성장이 늦어지고 어른은 체중의 손실을 가져올 수 있는 영양소는?
① 지방 ② 아스코르빈산
③ 단백질 ④ 나이아신

33. 단백질은 무엇의 화합으로 구성되어 있는가?
① 무기질 ② 아미노산
③ 비타민 ④ 탄수화물

34. 단백질에 대한 설명 중 틀린 것은?
① 소장에서 아미노산 형태로 흡수된다.
② 피부의 탄력과 수분을 유지한다.
③ 각종 질병에 대한 면역체와 항독 물질의 주성분이다.
④ 피부구성 성분 중 약간을 차지한다.

35. 지방에 대한 설명으로 옳은 것은?
① 피하 근육사이, 내장 주위에 저장되어 있어 신체 곡선미를 나타내준다.
② 소장에서 아미노산 형태로 흡수된다.
③ 주 식품은 달걀, 우유, 생선이 속한다.
④ 당질로서 곡류, 감자류, 설탕류 등의 주성분이다.

36. 칼슘에 대한 설명으로 옳은 것은?
① 부족시 뼈와 치아의 쇠퇴 및 발육 불량이 나타난다.
② 근육 및 신경의 자극전도, 삼투압조절에 작용한다.
③ 체내의 삼투압을 조절한다.
④ 인체의 생리기능조절에 중요한 역할을 한다.

37. 적혈구 속의 헤모글로빈에 함유되어 있고 산소운반에 중요한 구실을 하는 무기질은?
① 나트륨 ② 식염
③ 마그네슘 ④ 철분

38. 피부를 부드럽게 하여 수분을 흡수하는 성질이 있어 공기속의 습기를 흡수하여 피부에 윤택을 주는 작용하는 것은?
① 트레오닌 ② 아미노산
③ 포도당 ④ 글리세린

39. 상담 후 고객의 주수사항에 해당되지 않은 것은?
① 상담자/관리자의 조언의 행동실천
② 관리기간 중 발생하는 이상 현상 묵인
③ 복용하는 약제 상담
④ 홈 케어와 철저한 관리

40. 관리센터에서 갖춰야 할 사항이 아닌 것은?
① 전문적인 지식
② 다양한 제품에 관한 임상테스트
③ 지나친 빠른 기대 효과
④ 충분한 상담

41. 기초대사량(B.M.I) 이란 무엇인가?
① 1일 필요한 열량
② 생명유지에 필요한 최소의 열량
③ 영양분의 소화, 흡수과정에 필요한 에너지
④ 생체가 생존하기 위한 열량

42. 당질이 체내에서 대사될 때 꼭 필요한 영양소는 무엇인가?
① V.B1 ② 단백질 ③ V.D ④ V.B6

43. 요오드 (I)를 많이 함유하고 있는 식품은?
① 채소 ② 다시마 ③ 간 ④ 쌀

44. 다음 설명 중 틀린 것은?
① V.A – 부족시 피부를 각화시킨다.
② V.B – 부족시 지루성 피부염이나 빈혈이 생긴다.
③ V.C – 세포내의 호흡을 활발하게 하고 혈액순환 을 좋게 한다.
④ V.E – 말초혈관을 수축하여 혈행을 좋게 하므로 혈색이 좋은 피부를 만든다.

45. DNA구조는 어떤 형태인가?
① 이중 나선 구조 ② 단중 나선 구조
③ 삼중 나선 구조 ④ 다중 나선 구조

46. 세포내의 분비물을 합성 및 농축작용을 하는 곳은?
① 사립체 ② 골지체
③ 중심소체 ④ 리보솜

47. 성장과 재생을 위한 음식물을 함유하고 있는 세포의 일부를 무엇이라 하는가?
① 세포질 ② 핵
③ 원형질 ④ 분비선

48. 조직의 4가지 기본조직이 아닌 것은?
① 상피조직 ② 근육조직
③ 신경조직 ④ 골조직

49. 기능적으로 비슷한 세포와 세포간질의 집합체를 무엇이라 하는가?
① 조직 ② 기관 ③ 계 ④ 선

50. 체표면이나 내장의 내강을 덮고 있는 얇은 세포층으로 한층 또는 여러층의 세포로 된 판상의 조직은?
① 결합조직 ② 상피조직
③ 근육조직 ④ 신경조직

51. 상피조직의 기능이 아닌 것은?
① 소화 ② 분비 ③ 흡수 ④ 방어

52. 상담시 내담자의 마음을 열도록 도와주는 항목이 아닌 것은?
① 신중히 자세히 듣는다.
② 공감대를 형성시켜 준다.
③ 경청한다.
④ 내담자의 잘못을 따진다.

53. 상담자의 자질에 해당되지 않는 것은?
① 침착한 성품 ② 논리적인 답변
③ 친절한 태도 ④ 아름다운 외모

54. 발모 효과에 대한 큰 기대를 지니고 있는 고객에 상담법이 아닌 것은?
① 탈모의 원리 ② 관리기간
③ 관리비용 ④ 관리의 효과 및 한계

55. 다음 중 관리사의 상담 태도로 바르지 않은 것은?
① 정확한 전문 지식 전달
② 비교분석을 통한 상담
③ 비 효과에 대한 고객의 책임전가
④ 고객의 심리적인 상담

56. 관리 종결 후 상담내용에 속하지 않은 것은?
① 관리에 대한 만족도
② 추후 발생할 수 있는 두피현상에 대한 설명
③ 문제성 두피에 관한 제 설명 및 가격
④ 정기적인 관리에 대한 필요성 설명

57. 관리 종결 후 상담 시 주요사항은?
① 지나친 재 티켓팅 유도
② 센터에서의 전문적인 관리 유도
③ 불만족 시 고객의 책임 전가
④ 새로운 고색 유치

59. 여성에게 가장 강력한 남성 호르몬은?
① DHT ② 안드로스테네디온
③ DHEAS ④ 테스토스테론

60. 녹차가 인체에 미치는 영향을 잘못 설명한 것은?
① 항암효과 ② 칼슘흡수
③ 충치예방 ④ 변비개선

61. 녹차 성분중 입냄새 제거에 도움이 되는 성분은 무엇인가?
① 클로로필과 탄닌 ② 탄닌, 카테킨
③ 베타카로틴 ④ 라이코펜

62. 비만의 원인 중 잘못된 음식습관이 아닌 것은?
① 과식과 폭식
② 불규칙한 식사
③ 간식과 야식
④ 하루 2.5L 이상의 수분 섭취

63. 내장지방의 축적을 초래하는 주요 원인이 아닌 것은?
① 과잉의 열량 섭취 ② 지나친 유산소 운동
③ 운동부족 ④ 과음, 흡연

64. 올바른 식사방법으로 잘못 된 것은?
① 반찬을 적게 먹는다.
② 조금씩 나누어 먹는다.
③ 잠자기 전에 먹지 않는다.
④ 싱겁게 먹는다.

65. 체중조절을 위한 행동요법으로 생활습관을 수정하는 방법이 잘못된 것은?
① 반드시 혼자 식사하도록 한다.
② 배가 부를 때 장을 본다.
③ 인스턴트식품은 구입하지 않는다.
④ 식사는 일정한 장소에서만 한다.

66. 부족시 혈관이 부서지기 쉽고, 갑상선 기능 저하, 모발이상 등의 결핍증상이 나타날 수 있는 것은?
① 구리 ② 망간 ③ 칼슘 ④ 요오드

67. 과잉 섭취시 치아의 에나멜질의 탈회 및 치아 변색을 일으키는 것은 무엇인가?
① 붕소 ② 셀레늄 ③ 비소 ④ 불소

68. 체내 활성산소를 제거하는 성분이 아닌 것은?
① 베타카로틴 ② SOD

③ 비타민 E ④ 요오드

69. 노화를 방지하기 위한 식사방법으로 잘못 된 것은?
① 잡곡을 먹는다.
② 생성, 콩, 야채를 충분히 섭취한다.
③ 매일 야채와 과일을 섭취한다.
④ 발효 식품은 적게 섭취한다.

70. 다음 중 cell(세포)의 기능이 아닌 것은?
① 각종자극을 전달한다.
② 운동을 주로 한다.
③ 수축성이 약하다.
④ 분비작용이 왕성하다.

71. 세포막은 무엇으로 이루어져 있는가?
① 지질과 수분 ② 교질과 수분
③ 단백질과 교질 ④ 단백질과 수분

72. 소포체 외면에 붙어 있으며 단백질 생합성에 필요한 RNA를 함유하고 있는 것은?
① 리보좀 ② 리보솜
③ 핵 ④ 세포

73. 세포내의 분비물을 합성 및 농축작용을 하는 곳은?
① 리보좀 ② 중심소체
③ 골지체 ④ 근세포

74. 세포막에 대한 설명 중 옳은 것은?
① 세포분열을 한다.
② 세포의 대사활동을 담당하고 있다.
③ 세포의 내부와 외계 사이에서 물질 이동이나 막전압 발생 등에 중요한 역할을 한다.
④ 세포에서 핵을 제외한 나머지 부분을 말한다.

75. DNA구조는 어떤 형태인가?
① 이중 나선 구조 ② 단중 나선 구조
③ 삼중 나선 구조 ④ 다중 나선 구조

76. 세포내의 분비물을 합성 및 농축작용을 하는 곳은?
① 사립체 ② 골지체
③ 중심소체 ④ 리보솜

77. 성장과 재생을 위한 음식물을 함유하고 있는 세포의 일부를 무엇이라 하는가?
① 세포질 ② 핵
③ 원형질 ④ 분비선

78. 다음 트리콜로지스트의 역할 중 전문가로서의 역할에 해당하지 않는 것은?
① 인체의 구조 ② 영양학
③ 기기학 ④ 심리학

79. 탈모 고객에 대한 홈케어로 지도 내용 중 적절하지 못한 것은?
① 충분한 수면 시간을 권유한다.
② 샴푸 세정은 오전에 하도록 권유한다.
③ 담배와 술의 자제를 권유한다.
④ 집에서 족욕을 하도록 권유한다.

80. 고객카드 작성을 위한 상담시 유의해야 할 점 중 틀린 것은?
① 유전적 소인은 부계는 물론 반드시 모계도 기록한다.
② 수면시간은 시간대보다는 시간의 양에 준한다.
③ 직업은 탈모를 예상하는데 중요한 요인이 된다.
④ 고객의 식생활 중 다이어트 경력을 반드시 체크한다.

81. 두피 및 모발 상태에 따른 진단에 잘못 된 것은?
① 모발, 두피상태를 파악한다.
② 모근이 정상인지 파악한다.
③ 유전적인 요인이므로 열심히 관리프로그램을 설정한다.
④ 탈모의 유형과 상태를 판단 한다.

82. 상담의 목적이 아닌 것은?
① 정보와 지식전달로 고객의 인식이나 태도를 바꾸게 한다.
② 개선된 생활습관을 지니도록 도와준다.
③ 관리사의 지시대로 무조건 따르게 한다.
④ 고객의 잘못된 부분을 스스로 깨닫게 한다.

83. 관리사의 개인관리와 거리가 먼 것은?
① 외적으로 분위기 있게 액세서리를 세련되게 한다.
② 밝은 계통의 청결하고 세탁이 편한 위생복을 착 용한다.
③ 향수 및 구취에 신경 쓴다.
④ 손톱은 항상 짧게 단정하게 한다.

84. 우리 몸의 인체에 널리 분포되어 여러 조직과 기관의 틈을 채우고 이들을 연결하는 지지적인 기능을 갖고 있는 조직은?
① 결합조직 ② 상피조직
③ 근조직 ④ 신경조직

85. 결합조직 중 교원섬유를 이루고 있는 물질?
① 지질 ② 엘라스틴 ③ 콜라겐 ④ 단백질

86. 자체내에 수분을 함유하고 있어 피부층의 보습 역할을 담당하는 섬유 조직은?
① 세망섬유 ② 탄력섬유
③ 교원섬유 ④ 편평섬유

87. 탄력 섬유를 이루고 있는 물질로 탄력을 갖고 있고 굴절성이 강한 것은?
① 지질 ② 엘라스틴 ③ 단백질 ④ 콜라겐

88. 인체의 골격계 기능에 대해 올바르게 나열한 것은 무엇인가?
① 보호기능, 조혈작용, 운동기능, 보호기능
② 조혈작용 저장기능, 응고기능, 보호기능
③ 조혈작용, 분해작용, 지지기능, 보호기능
④ 운동기능, 보호기능, 배설기능, 응고기능

89. 골막에 대한 설명 중 틀린 것은 무엇인가?
① 골절 시에 뼈를 재생 시킨다.
② 혈구를 생산하는 곳이다.
③ 뼈를 보호한다.
④ 혈관, 림프관 및 신경을 통과시키는 바탕을 제공한다.

90. 티록신 호르몬 과잉시 나타나는 병은?
① 바세도우씨병 ② 정맥수종
③ 크레티니즘 ④ 미나마타이병

91. 부갑상선 호르몬의 기능은?
① 성장 정체 현상
② 칼슘대사에 중요한 조절기능
③ 안드로겐 분비
④ 물과 전해질의 균형 조절기능

92. 남성의 2차 성장기에 영향을 주는 호르몬으로 성적 자극, 남성 생식기의 발육 등을 맡고 있는 것은?
① 에스트로겐 ② 테스토스테론
③ 아드레날린 ④ 티록신

93. 여성호르몬 중 여성의 2차 성징을 발현시키는 호르몬은?
① 프로게스테론 ② 알데스테론
③ 아드레날린 ④ 에스트로겐

94. 갑상선 기능의 조절은?
① 뇌하수체 ② 부신피질
③ 부신수질 ④ 교감신경

95. 일반적으로 체내의 혈액저장소라고 하면 다음 중 어디를 지칭하는가?
① 근육 – 혈관 ② 간 – 비장
③ 동맥 – 모세혈관 ④ 위 – 소장

96. 체내에서 미생물이 가장 많이 서식하는 곳은?
① 침 ② 소장 ③ 대장 ④ 위

97. 두피의 혈액공급이 나쁠 때 모모세포에 미치는 영향으로 맞는 설명은?
① 산소의 공급과다 ② 특별한 영향은 없다.
③ 영양의 공급불량 ④ 피지의 과잉공급

98. 과도한 피지 분비가 원인 되는 탈모증상은?
① 원형탈모 ② 남성탈모
③ 지루성탈모 ④ 비듬성탈모

99. 비듬발생의 원인에 해당되지 않는 설명은?
① 비누사용 ② 피지선의 강한 활동
③ 잦은 샴푸 ④ 적절한 스트레스 해소

100. 모발의 구조를 잘못 설명한 것은?
① 모유두: 혈관과 림프관을 통해 산소와 영양분을 공급 받는다.
② 모근: 두피아래 모낭 속에 있는 모발을 말한다.
③ 모낭: 모발을 만들어 내는 곳이다.
④ 피지선: 모낭아래 위치하며 피지를 분비하여 윤 기를 준다.

Type

B

두피관리 문제은행
Associate Trichologist(Level Ⅱ)

출제: 두피가발문화연구센터
사)대한가발협회 학술위원회

서울시 송파구 문정동 516 가든파이브 라이프동 8층 T-8003-5호
Tel : 02-6396-3388 / 02-2157-7767 Fax : 0303-0396-3388

1. 다음 설명 중 틀린 것은?
① 모구: 전구모양을 하고 내부는 모질세포와 멜라닌 세포로 구성
② 모모세포: 모유두로 영양과 산소를 받아 모발을 만든다.
③ 입모근: 기모근이라고도 하며 긴장하거나 충격을 받아 털을 세운다.
④ 모근: 두피윗부분 모낭 속에 있는 모발을 말한다.

2. 모발의 층에 대한 설명 중 틀린 것은?
① 모표피: 모발의 약 10-15% 정도를 차지하며 비늘 모양으로 겹쳐있다.
② 모피질: 모발의 대부분인 85-90%를 차지하며 주성분은 세라마이드 이다.
③ 모수질: 중앙이 비어 있는 형태를 가진 세포이 다.
④ 모수질: 내부에는 약간의 멜라닌 색소입자가 존재며 공기를 함유할 수 있다.

3. 모발 성장 사이클에 대한 설명으로 틀린 것은?
① 성장기: 전체 모발의 80-90%이며 수명은 3-6년이다.
② 퇴행기: 전체 모발의 1%정도이며 수명은 1개월
③ 휴지기: 전체 모발의 14-15%이며 수명은 약 3-4개월
④ 성장기→휴지기→퇴행기→탈모순으로 진행한다.

4.. 모발성장에 영향을 주는 요인이 아닌 것은?
① 병적요인 ② 호르몬에 의한 요인
③ 유전적요인 ④ 기후에 의한 요인

5. 모발의 일반적인 성향으로 틀린 것은?
① 밀도: 모발 색이 밝을수록 평균밀도 수치가 높다.
② 수명: 여성 4-6년 남성 3-5년
③ 기온이 시원할 때 모발성장이 빠른 편이다.
④ 기온이 따뜻할 때 모발성장이 빠른 편이다.

6. 모발의 색상에 대한 설명이다 옳은 것은?
① 인종에 관계없이 유멜라닌과 페오멜라닌의 두 종류를 가지고 있다.
② 인종에 따라 유멜라닌 혹은 페오멜라닌의 종류가 다를 수 있다.
③ 유멜라닌은 황적색계이다.
④ 페오멜라닌은 흑갈색계이다.

7. 멜라닌 색소에 대한 설명으로 틀린 것은?
① 모모세포 위에 있는 색소형성세포 중 티로신을 기본물질로 한다.
② 백발은 멜라노사이트에서 멜라닌의 생성이 정지 하기 때문에 일어난다.
③ 백발은 일종의 노화현상이다.
④ 백발의 진행과정은 후두부에서 시작하여 정수리 측면으로 진행한다.

8. 모발의 고유성질이 아닌 것은?
① 열변성 ② 대전성
③ 광변성 ④ 부패성

9. 건강한 두피의 색은?
① 청백의 우유빛 ② 핑크빛
③ 투명 ④ 흰색

10. 모발을 구성하는 세포는 어디서 만들어 지는가?
① 모모(毛母) ② 모근(毛根)
③ 모간(毛幹) ④ 모구(毛球)

11. 영양이 부족해서 길이로 모발이 갈라지는 현상은?
① 원형 탈모증 ② 열모 결발증
③ 결절 열모증 ④ 사모

12. 브러싱 테크닉 순서로 옳지 않은 것은?
① 머리를 앞으로 기울인 상태에서 목덜미에서 이마 방

향으로 머리를 빗는다.
② 머리 측면에서 정수리 방향으로 빗는다.
③ 정수리 방향에서 측면으로 빗는다.
④ 이마에서 목덜미 방향으로 빗어 내리며 브러싱을 끝낸다.

13. 효소 5알파 환원 효소는 무엇을 화학변화 시키는가?
① DHT에서 테스토스테론으로
② DHEA에서 DHEAS로
③ 테스토스테론에서 DHT
④ androstenedione에서 테스토스테론으로

14. 손상모가 세로방향으로 잘 끊어지는 현상을 고려할 때 모발의 화학결합 가운데 가장 강한 결합력은?
① 폴리펩티드 결합　② 시스틴 결합
③ 염결합　④ 수소 결합

15. 모피질에 대한 설명이 아닌 것은?
① 모발의 대부분을 차지하며 모발의 성질을 좌우한다.
② 모발시술 과정에서 가장 영향을 많이 받는다.
③ 여러 가지 섬유조직과 간층물질로 구성되어 있다.
④ 물리적인 손상을 가장 받기 쉽다.

16. 모발의 고유성질이 아닌 것은?
① 열변성　② 대전성
③ 광변성　④ 부패성

17. 모발의 pH에 대한 설명 중 틀린 것은?
① 일반적으로 산성, 알칼리성의 정도를 나타내는 수치를 말한다.
② 수분이 없는 물질에서만 pH측정이 가능하다.
③ 수치는 0에서 14까지 있다.
④ 7을 중성으로 본다.

18. 내분비 이상에 의한 탈모로 잘못 설명한 것은?
① 뇌하수체 기능저하로 모발뿐 아니라 액모나 음모가 없어지는 경우도 있다.
② 갑상선 기능저하로 원형탈모증으로 진행된다.
③ 갑상선 기능저하로 모발에서 체모까지 적어지며 눈썹이 적어지는 것이 특징이다.
④ 갑상선 기능항진으로 원형 탈모증으로 진행된다.

19. 비듬을 동반하는 비강성 탈모의 증상으로 옳지 않은 것은?
① 가려움　② 심한염증
③ 피지이상　④ 비타민A 부족

20. 탈모의 모근부를 설명한 것 중 옳지 않은 것은?
① 자연탈모의 모근은 곤봉형태이다.
② 병적인 원인에 의한 탈모는 모근부가 위축되어 있다.
③ 자외선에 의한 탈모의 모근은 끝이 휘어져 있다.
④ 약제에 의해 단모가 된 모발의 모근은 끝부분이 절단되어 있다.

21. 두피의 각질형성 세포의 사이클에 대한 설명으로 잘못된 것은?
① 세포 재생 주기가 비정상적인 경우에 트러블이 생기기 쉽다.
② 세포재생주기가 느리면 민감해지는 원인이 된다.
③ 세포재생주기가 빠르면 민감해지는 원인이 된다.
④ 세포재생주기가 느리면 뾰루지가 생기기 쉽다.

22. 샴푸시 계면활성제는 모발과 오염된 표면에 흡착되는데 이것에 따라 어떤 효과가 있나?
① 마찰을 단화 시키는 효과
② 더러움의 재 부착을 방지하는 효과
③ 광택과 윤기를 부여하는 효과
④ 습기를 부여하는 효과

23. 탈색된 모발에 사용하도록 권장되는 샴푸제의 종류는?
① 알칼리성 샴푸제
② 프로테인 샴푸제
③ 거품이 잘 나는 샴푸제
④ 산성균형 (pH4.5-5.5) 샴푸

24. 갈라진 모발, 끊어진 모발의 손상을 막고 빗질을 용이하게 하는 성분은?
① 엘라스틴 콜라겐　② 인삼
③ 실크프로테인, 아미노산　④ 고사리

25. 피부와 근육을 집어 올려 주물러서 푸는 마사지 법으로 노폐물의 제거, 신진대사 촉진을 목적으로 하는 것은?
① 압박법　② 강찰법
③ 유연법　④ 고타법

26. 다음 중 샴푸 시에 적당한 온도와 물은?
① 20-25℃ 정도의 경수　② 20-25℃ 정도의 연수
③ 36-40℃ 정도의 연수　④ 36-40℃ 정도의 경수

27. 지성 두피인 경우에 실시하는 트리트먼트의 종류는?
① 드라이 스캘프 트리트먼트 (dry scalp treatment)
② 오일리 스캘프 트리트먼트 (oily scalp treatment)
③ 핫 오일 트리트먼트 (hot oil treatment)
④ 댄드러프 스캘프 트리트먼트 (dandruff scalp treatment)

28. 다음 중 스캘프 케어 (scalp care)에 있어서 적합치 않은 것은 ?
① 두피의 더러움 및 비듬을 제거한다.
② 혈액순환을 원활하게 하고 두피의 생리기능을 높여 준다.
③ 두피에 상처나 질병이 있는 상태에도 시술이 가능하다.

29. 친유성의 성질을 가지고 있으며 물과 약제의 침투에 대한 저항력이 있고 외부환경으로부터 모발내부를 보호하는 것은?
① 외모근초 ② 내모근초
③ 모표피 ④ 피질세포

30. 피질세포와 세포간 결합물질로 구성되어 있으며 모표피의 안쪽에 있는 것은?
① 엔도큐티클(endocuticle)
② 엑소큐티쿨(exocuticle)
③ 헤어 큐티클(hair cuticle)
④ 헤어 코텍스(hair cortex)

31. 과립상의 황색부터 짙은 갈색의 멜라닌 색소를 함유하고 있으며 친수성 부분으로 약제의 작용을 쉽게 받기 때문에 펌 또는 염색이 가능한 부분은?
① 엔도큐티클(endocuticle)
② 엑소큐티쿨(exocuticle)
③ 헤어 큐티클(hair cuticle)
④ 헤어 코텍스(hair cortex)

32. 모낭의 형성과정을 순서대로 배열한 것은?
① 전모아기-모아기-모항기-모구성 모항기-모낭완성
② 전모아기-모항기-모아기-모구성 모항기-모낭완성
③ 전모아기-모아기-모구성 모항기-모항기-모낭완성
④ 전모아기-모항기-모구성 모항기-모아기-모낭완성

33. 모발을 알칼리성 용액에 담근 후 당기게 되면 물에 적신 모발보다 더 작은 힘으로도 모발이 늘어나는 이유는?
① 펩티드 결합이 끊어져서
② 이온결합이 끊어져서
③ 시스틴 결합이 끊어져서
④ 폴리펩티드 결합이 끊어져서

34. 주로 갈색이나 검은색을 나타내는 색소로 흑인이나 동양인의 피부색과 모발 색을 결정하는 요소는?
① 티로신 ② 멜라노사이트
③ 유멜라닌 ④ 페오멜라닌

35. 노랑색이나 빨강색 머리의 주색소로 서양인들의 피부나 모발색을 결정짓고 검은 모발색소에 비해 입자가 훨씬 작은 색소는?
① 헤모글로빈 ② 카로틴
③ 유멜라닌 ④ 페오멜라닌

36. 백발의 발생 원인으로 볼 수 없는 것은?
① 멜라노사이트의 감소 또는 소실
② 티로시나아제의 불활성
③ 자연스런 노화
④ 비타민A와 철분의 과잉섭취

37. 다음 설명에서 말하고자 하는 것은 무엇일까요?

일명 머리 넓힘줄 이라고 하며 두피의 두정골 부분을 싸고 있으면서 전두근, 측두근, 후두근을 잡고 있다.

① 뒷판상군 ② 안륜근
③ 전두엽 ④ 모상건막

38. 한선에 대한 설명으로 올바른 것은?
① 에크린 한선은 태어날 때부터 입과 입술의 일부 를 제외하고는 거의 전신에 분포되어 있다.
② 아포크린선 한선은 피부표면으로 직접 열려있다.
③ 소한선에서 분비되는 땀은 대한선에서 분비되는 땀에 비해 양이 적다.
④ 에크린 한선은 모낭과 연결되어 피부표면으로 통 하게 되어있다.

39. 모발색에 대한 설명이다. 바르지 않은 것은?
① 갈색이나 검은 색계열의 색은 유멜라닌이다.
② 페오멜라닌은 유멜라닌에 비해 색소 입자가 크다.
③ 모발은 모모세포층의 모유두 끝부분에 존재한다.
④ 다양한 형태의 모발색을 만들어 내는 색소형성은 대부분 유전적으로 조절된다.

40. 다음 중 모발손상의 요인이 다른 것은?
① 유전 ② 스트레스
③ 일광 ④ 호르몬

41. 다음 중 모발손상의 화학적 요인이 아닌 것은?
① 펌 ② 염색
③ 스타일링제품 ④ 세팅

42. 난소에 작용하여 난포 발육, 에스트로겐 합성의 촉진, 피부의 기미, 투명도, 혈액 순환을 좋게 하는 호르몬은?

① 난포호르몬(FSH)　② 황체호르몬(LH)
③ 성장호르몬(GH)　④ 유선호르몬(PRL)

43. 남성형 탈모의 원인은?
① 에스트로겐의 고다 생성 때문이다.
② 알레르기, 유전, 자율신경 이상 등이 원인이다.
③ 땀의 과다 분비 때문이다.
④ Testosteone이 5RD의 영향으로 DHT로 바뀌면서 탈모가 일어난다.

44. 여성의 탈모의 원인은?
① 피임약과 심한 다이어트로 안드로겐 분비가 활성화되어 나타난다.
② 수험생과 스트레스로 인한 증세로 나타난다.
③ 체내 호르몬의 균형이 깨지면서 나타난다.
④ 환경적인 요인보다 유전적인 요인이 크게 좌우한다.

45. 출산 후 나타나는 휴지기성 탈모증으로 여성탈모의 대표적인 탈모형은?
① 폐경에 의한 탈모증　② 결발성 탈모증
③ 다이어트에 의한 탈모증　④ 산후 탈모증

46. 심한 노이로제 현상에 의하여 나타나는 탈모현상으로 본인도 모르는 사이에 모발을 잡아 당겨 탈락시킴으로써 특정부위의 모발이 원형탈모에 가까운 탈모유형은?
① 반흔성 탈모증　② 발모벽
③ 나병에 의한 탈모증　④ 결발성 탈모증

47. 모근부에 영양공급을 하며 모발이 자랄수 있도록 도와주는 기능과 더 이상의 탈모현상을 막아주는 것은?
① 발모제　② 육모제
③ 양모제　④ 향균제

48. 지방성 피부에 적당한 화장수는?
① 유연화장수　② 수렴화장수
③ 영양화장수　④ 바니싱 크림

49. 다음 중 부교감 신경의 역할이 맞는 것은?
① 입모근 수축　② 한선에서 진한땀 분비
③ 모세혈관 이완　④ 아드레날린 분비왕성

50. 다음 중 피부에 있어 색소세포가 존재하고 있는 곳은?
① 표피의 각질층　② 표피의 기저층
③ 진피의 유두층　④ 진피의 망상층

51. 다음 중 일광소독에서 살균작용을 하는 인자는 어느 것인가?
① 적외선　② X-선
③ 자외선　④ 가시광선

52. 모낭의 발생과정에 대한 설명이다. 순서별로 나열한 것은?
① 전 모아기 – 모아기 – 모항기 – 모구성 모항기 – 모낭
② 전 모아기 – 모항기 – 모구성 모항기 – 모아기 – 모낭
③ 전 모아기 – 모구성 모항기 – 모항기 – 모아기 – 모낭
④ 전 모아기 – 모아기 – 모구성 모항기 – 모항기 – 모낭

53. 다음 중 피부색을 결정짓는 주요인에 속하는 것은 ?
① 혈액 공급량　② 근육의 탄력
③ 지방의 양　④ 각질의 두께

54. 모발의 미세구조를 풀어서 나열한 것이다. 올바르게 나열한 것은?
① 폴리 펩티드–마이크로 피브릴–피질 세포–알파 헤릭스장
② 폴리 펩티드–마크로 피브릴–마이크로 피브릴–피질세포
③ 폴리 펩티드–프로토 피브릴–마이크로 피브릴–마크로 피브릴
④ 폴리 펩티드–피질 세포–마이크로 피브릴–마크로 피브릴

55. 모발은 인체 내에 여러 가지 호르몬이 작용하는 것으로 알려져 있다 이 중 모발과 관련 없는호르몬은?
① 인슐린　② 코티솔
③ 안드로겐　④ 갑상선

56. 보기의 설명은 모발의 형태 중 어느 유형을 말하는가?
① 경모　② 취모　③ 연모　④ 직모

57. 모발의 물리적 손상에 속한 것은?
① 펌제 도포　② 마른 모발 브러싱
③ 탈색제 도포　④ 영양불량

58. 다음 보기 중 1가닥의 머리카락을 두피(모 근)로 부터 뽑아내는 데 필요한 힘을 무엇인가?
① 모발의 탄력성　② 모발의 밀도
③ 모발의 고착력　④ 모발의 인장강도

59. 다음 보기 중 비타민A, C가 많아 피부, 두피, 모발을 건강하게 하며 피로회복 및 이뇨작용을 촉진시켜주는 역할을 하며 과잉 시 철분 흡수를 방해하는 음식은 무엇인가?

① 현미 ② 간 ③ 마늘 ④ 녹차

60. 단백질의 최종 분해산물은?
① 글리세린 ② 아미노산
③ 포도당 ④ 글리고당

61. 모발은 인체 내에 여러 가지 호르몬이 작용하는 것으로 알려져 있다. 이 중 모발과 관여 없는 호르몬은?
① 코티솔 ② 안드로겐 호르몬
③ 갑상선 호르몬 ④ 임파선

62. 다음 중 피지분비를 촉진시키는 호르몬과 관련 없는 호르몬은?
① 프로게스테론 ② 티록신
③ 에스트로겐 ④ 테스토스테론

63. 모발의 성장주기에 관한 용어이다. 맞게 연결되지 않은것은?
① 퇴화기 – 카타겐 ② 성장기 – 아나겐
③ 휴지기 – 탈로겐 ④ 성장기 – 탈로겐

64. 남성탈모의 증상이 아닌 것은?
① 모발이 가늘고 부드러워 진다.
② 피지량이 증가한다.
③ 체모가 줄어든다.
④ 빠른 경우 17세부터 시작 된다

65. 다음 보기 중 태양의 자외선에 의해 피부에서 만들어지며 칼슘과 인의 흡수를 촉진하는 기능이 있어 골다공증의 예방에 효과적인 것은?
① 비타민K ② 비타민P
③ 비타민D ④ 비타민E

66. 피부에 있어서 교감신경계의 지배를 받고 있지 않은 것은?
① 혈관 ② 입모근 ③ 한선 ④ 피지선

67. 건강한 성인 두발에 대한 설명 중 틀린 것을 고르시오.
① 모든 모발은 같은 성장주기를 가지고 있다
② 두발은 모두 성장의 3단계를 지니고 있다
③ 임신 또는 정신적 기분 등으로 심한 탈모가 발생 할 수 있다
④ 세발이나 브러싱 할 때 쉽게 탈락되는 모발은 주로 휴지기 모발이다

68. 탈모증의 기본분류로 성장기성 탈모증과 휴지기성 탈모증으로 구분한다. 다음 중 성장기성 탈모증이 아닌 것은?
① 압박성 탈모증 ② 반흔성 탈모증
③ 두부백선 탈모증 ④ 남성형 탈모증

69. 다음중 소장과 관계가 없는 것은?
① 영양분을 간에 저장
② 영양분의 화학적 분해가 일어남
③ 소화와 흡수의 주된 장소
④ 물의 재흡수

70. 혈액성분과 그 작용을 설명한 것이다. 이중 틀린 것은?
① 적혈구 – 헤모글로빈, 산소운반
② 백혈구 – 아메바운동, 식균작용
③ 혈장 – 이산화탄소, 노폐물 운반
④ 혈소판 – 항체형성

71. 포도당이 글리코겐으로 합성되는 것을 무엇이라고 하는가?
① 당원분해 ② 당원형성
③ 당원저장 ④ 포도당분해

72. 다음 중 전염성이 있는 탈모증은 어느 것인가?
① 남설형 탈모 ② 두부건선 탈모
③ 두부백선 탈모 ④ 지루성 탈모

73. 탈모를 일으키는 중금속에 관한 내용이다. 무엇에 관련된 것인가?
① 알루미늄 ② 납 ③ 비소 ④ 수은

74. 티록신이란 호르몬을 분비시켜 부신을 자극하고, 부신호르몬인 코티솔을 분비시켜 모낭활동을 촉진 휴지기에서 성장기로 전환시키는 효과가 있는 호르몬은 무엇인가?
① 뇌하수체 호르몬 ② 남성호르몬
③ 갑상선 호르몬 ④ 에스트로겐

75. 다음은 어떠한 문제성 두피에 관한 내용인가?
① 두부건선 ② 아토피성 피부염
③ 두부백선 ④ 석면성 비강진

76. 두피의 기능 중 올바르지 않게 연결 된 것은 무엇인가?
① 피지막 – 살균, 소독, 중화
② 각질층 – 보습, 외부 물리적 자극
③ 과립층 – 비타민D 생성
④ 유극층 – 노폐물, 독소

77. 각 혈점과 골격에 대한 설명이다. 이 중 틀린 것은?
① 경추 – 흔히 목뼈라고도 하며 7개의 뼈로 이루어져 있다.
② 흉추 – 경추 밑으로 12개가 존재하며 횡경막과 이어져 있다.
③ 아문 – 머리카락이 시작되는 곳, 요추 1번 밑
④ 천주 – 뒷머리 모발선에서 위로 0.5촌, 중간선 양 측에서 각1.3촌

78. 상담자의 자세로 올바른 것은?
① 일반적으로 고객을 가르치는 태도로 대한다.
② 상담을 통해 원인을 찾아 방법을 제시한다.
③ 상대방 말에 쉽게 동화한다.
④ 자신이 판단하고 결정짓는다.

79. 다음 중 내 · 외모근초의 중요한 역할은?
① 모근의 지지, 보호역할
② 모간의 헤어스타일의 형성 역할
③ 모유두에 영향을 받는다
④ 모모세포의 형성의 역할을 받는다

80. 유 멜라닌(melanian)의 생성과정으로 바른 것은?
① 티로신–티로시나아제–산화–도파–도파퀴논–분사형 멜라닌
② 티로시나아제–티로신–도파–티로시나아제–도파퀴논–과립형 멜라닌
③ 티로신–티로시나아제–산화–도파–도파퀴논–과립형 멜라닌
④ 티로신–티로시나아제–산화–도파–도파퀴논–도파크롬–분사형 멜라닌

81. 백발이 생기는 요인이 아닌 것은?
① 과다한 염색시술 ② 유전적
③ 불규칙한 식사 ④ 과도한 스트레스

82. 모발구성 성분이 잘못 짝지어진 것은?
① 단백질– 약 80 –90%
② 지질 – 약 1– 8%
③ 미량원소 – 약 1% 미만
④ 각질형성세포 – 약 3%정도

83. 다음 중 모근부분에 속하는 것은?
① 모표피 ② 모수질
③ 콜텍스 ④ 유두층

84. 항원전달 세포란?
① 각질형성에 관여
② 알러지감각에 관여
③ 감각인지에 관여
④ 피부색에 관여

85. 건성 두피의 관리 매뉴얼 중 잘못 된 것은?
① 각질 및 피지조절에 중점을 둔다
② 열이나 스티머 사용시 온도는 약 50도 정도로 한다
③ 마사지시 강한 압은 피한다
④ 적외선 조사 시 이격거리는 약 50cm 정도로 한다

86. DHEAS 와 DHEA의 생성 %가 맞게 짝지어진 것은?
① 부신선 – 90% ② 난소 – 90%
③ 췌장 – 50% ④ 부신수질 – 50%

87. 브러싱의 정의가 아닌 것은?
① 모발과 두피 상태를 파악
② 샴푸전 엉킨 모발을 정리
③ 두피의 혈액순환을 도와 줌
④ 고객의 상태를 편안하고 안정시키는 과정

88. 아로마 오일이 두피에 미치는 영향으로 틀린 것은?
① 림프순환 이완으로 독성물질 축적을 예방
② 진피층에 산소와 영양분을 공급해 혈액순환 촉진
③ 신진대사의원활한 작용에 관여
④ 살균효과 및 호르몬 기능 조절 기능

89. 비만세포에게 신호를 전달하는 것은?
① 케라티노싸이트 ② 멜라노싸이트
③ 머켈 셀 ④ 랑게르

90. 초기 세포 분열로 모발이 발생하는 곳은?
① 외배엽 ② 내배엽 ③ 중배엽 ④ 중이

91. 모발의 색과 관련이 없는 미네랄은?
① 구리 ② 철 ③ 망간 ④ 칼륨

92. 모발의 성장 단계 중 모모세포의 분열이 저조해져 성장이 멈추는 단계는 어느 시기 인가 ?
① 퇴행기 ② 탈모기 ③ 성장기 ④ 휴지기

93. 피부의 상피 내에 특수 장벽이라고 할 만한 층이 있다. 이층의 역할이 아닌 것은?
① 피부의 색소를 만든다.
② 외부로부터 침입하는 각종 물질을 방어한다.
③ 체액이 외부로 세어나가는 것을 방지한다.
④ 내부로부터 새로운 층이 올라와 때와 함께 제거된다.

94. 태양의 자외선에 의해 피부에서 만들어지며 칼슘과 인의 흡수를 촉진하는 기능이 있어 골다공증 예방

에 효과적인 것은?
① 비타민 K ② 비타민 P
③ 비타민 D ④ 비타민 E

95. 다음 중 한선의 역할이 아닌 것은?
① 신장의 보조기능 ② 체온조절
③ 수분증발 억제 ④ 산도유지

96. 모발의 결합 중 산소원자와 수소원자 사이에 인력에 의한 결합으로 대체적으로 모발의 결합 중 힘은 약하나 비중을 많이 차지하며, 드라이나 셋팅의 원리에 많이 부여되는 가장 약한 결합은 ?
① 이온결합 ② 수소결합
③ 펩티드 결합 ④ 시스틴 결합

97. 피질 세포 구조에 관한 내용이다. 연결이 틀린 것을 고르시오.
① 폴리펩티드: 펩티드, 시스틴, 이온, 수소결합
② 폴리펩티드: 프로토피브릴(2-3개)
③ 마이크로피브릴: 프로토피브릴(5-11개)
④ 매크로피브릴: 마이크로피브릴 + 간충물질

98. 다음 중 샴푸 테크닉 중 틀리게 짝지어진 것은?
① 경찰법 - 손가락, 손바닥 등으로 가볍게 문지르는 방법
② 강찰법 - 피부를 강하게 집어 문지르는 방법
③ 진동법 - 피부와 하부 조직에 진동을 전달하는 방법
④ 고타법 - 탭핑, 컵핑, 비팅 등으로 두드리는 방법

99. 여성에게 가장 강력한 남성 호르몬은?
① DHT ② 안드로스테네디온
③ DHEAS ④ 테스토스테론

100. 모발이 세로로 갈라져 가지처럼 보이는 현상은 어떠한 모발의 문제인가 ?
① 지모 ② 다공성모
③ 종렬모 ④ 단열모

Type C

두피관리 문제은행
Associate Trichologist(Level II)

출제: 두피가발문화연구센터
사)대한가발협회 학술위원회

서울시 송파구 문정동 516 가든파이브 라이프동 8층 T-8003-5호
Tel : 02-6396-3388 / 02-2157-7767 Fax : 0303-0396-3388

1. 스케일링 주의사항 중 맞는 것은?
① 숙련됐다면 정확한 파팅을 나눌 필요 없다
② 파팅을 나눌 때 꼭 꼬리빗을 사용 안 해도 된다
③ 도포시 모발의 엉킴 유의,모발이 고객의 얼굴면에 닿지 않게 유의
④ 제품은 사용하기 편한 한 가지만을 선정해서 사용한다

2. 예민성 두피의 수분함량은?
① 10%미만 ② 10-15%
③ 부위마다 다양 ④ 20%이상

3. 일정 넓이에 차지하고 있는 모발의 성김 정도를 무엇이라 하는가?
① 팽윤 ② 인장강도
③ 밀도 ④ 신장

4. 모발 성장의 주요 영양분과 산소를 운반하는 역할은?
① 교감신경계 ② 모구
③ 모유두 ④ 모세혈관

5. 체내 활성산소를 제거하는 성분이 아닌 것은?
① 베타카로틴 ② SOD
③ Vit E ④ 요오드

6. 상담의 4요소 중 틀린 것은?
① 상담자 – 두개피관리사
② 문제 – 탈모, 지성, 비듬, 건성, 문제성 두개피부를 처치
③ 애심 – 사랑, 봉사, 배려하는 마음가짐을 가짐
④ 방안 – 타입에 따른 문제 해결법 및 관리법을 제시

7. 항 산화제 비타민은?
① 비타민A ② 비타민C
③ 비타민E ④ 비타민K

8. 모발의 무기성분인 미량원소가 아닌 것은?
① 탄소, 수소 ② 질소, 산소
③ 황, 탄소 ④ 황, 염소

9. 탈모증 중에 전염성이 있는 탈모증은?
① 지루성 탈모증 ② 석면성 비강진
③ 건선 ④ 두부백선에 의한 탈모증

10. 보기는 어떤 문제성 두피 인가?
① 두부 백선 ② 원형 탈모
③ 장성 지단 피부염 ④ 매독성 탈모

11. 모발이 발생되는 시기는?
① 12-15주 ② 2-3주
③ 9-10주 ④ 16-19주

12. 우리 몸의 인슐린 분비가 이루어 지는 곳은?
① 부신선 ② 췌장
③ 뇌하수체선 ④ 성선

13. 우리 몸의 구성 성분인 케라틴을 가장 많이 함유한 것은?
① 동물성 단백질 ② 식물성 단백질
③ 동물성 지방질 ④ 수분

14. 미네랄 테스트시 부족해서 생기는 증상이다. 관련된 것을 찾으시오

> 5-6세의 유아에 발생하는 유전성 피부질환으로 손,발가락에 작은 수포나 농포를 동반한 홍반을 만들고 결국 변형이나 손톱주위에 염증을 일으키며,두개피 전체 또는 부분적인 탈모가 일어난다.

> 피로,변비,식욕감퇴,원형탈모증,성기능장애,여드름,당뇨병,간경화,야맹증,관절염 등

① 인　　② 구리
③ 망간　　④ 아연

15. 림프마사지의 주된 작용은 무엇인가?
① 노폐물과 독소제거　　② 혈액순환과 신진대사저하
③ 피부조직 강화　　④ 림프순환 저하

16. 다음은 무엇에 대한 설명인가?
① 신장　　② 폐
③ 비장　　④ 간,심장

17. 두피의 기능 중 올바르지 않게 연결된 것은 무엇인가?
① 피지막 – 살균, 소독, 중화
② 각질층 – 보습, 외부 물리적 자극
③ 과립층 – 비타민D 생성
④ 유극층 – 노폐물, 독소

18. 각 혈점과 골격에 대한 설명이다. 이 중 틀린 것은?
① 경추 – 흔히 목뼈라고도 하며 7개의 뼈로 이루어져 있다.
② 흉추 – 경추 밑으로 12개가 존재하며 횡경막과 이어져 있다.
③ 아문 – 머리카락이 시작되는 곳, 요추 1번 밑
④ 천주 – 뒷머리 모발선 에서 위로 0.5촌, 중간선 양측에서 각1.3촌

19. 상담자의 자세로 올바른 것은?
① 일반적으로 고객을 가르치는 태도로 대한다.
② 상담을 통해 원인을 찾아 방법을 제시한다.
③ 상대방 말에 쉽게 동화한다.
④ 자신이 판단하고 결정짓는다.

20. 다음 중 내 · 외모근초의 중요한 역할은?

> 이것에 기능이 정상적이면 모발도 충분한 영양분을 공급받고 성장도 정상적인 반면 감퇴되면 기혈과 정기 모두 나빠져 모발의 영양부족을 낳고 모발이 건조하거나 딱딱해지며 탈모까지 일으킨다.

① 모근의 지지, 보호역할
② 모간의 헤어스타일의 형성 역할
③ 모유두에 영향을 받는다
④ 모모세포의 형성의 역할을 받는다

21. 우리의 인체를 구성하는 원소 중 유기물을 만드는 것이 아닌 것은?
① 탄소　　② 산소
③ 칼슘　　④ 질소

22. 인체의 구성 원소 중 그 차지하는 비율이 큰 것부터 순서대로 된 것은?
① 산소 > 탄소 > 수소 > 질소
② 질소 > 산소 > 탄소 > 수소
③ 수소 > 산소 > 질소 > 탄소
④ 탄소 > 수소 > 산소 > 질소

23. 세포간 특정 물질로,세포를 서로 강하게 연결, 결합시키는 역할을 하는 것은?
① 데스모솜　　② 융합막
③ 틈새결합　　④ 세포질막

24. 순환기 계통에 포함되지 않은 것을 고르시오.
① 혈액　　② 심장
③ 모세혈관　　④ 세포액

25. 다음은 혈액의 구성에 대한 설명이다. 이 중 틀린 것은?
① 성인의 혈액 총량은 약 5–6L이다.
② 혈액은 약 45%의 혈장과 약 55%의 혈구성분으로 구성되어 있다.
③ 혈액은 선홍색의 동맥혈과 암적색의 정맥혈이 있다.
④ 혈액은 불투명하며 점성의 액체로 80%의 수분을 포함한다.

26. 혈액이 운반하는 물질과 조직세포에서 생긴 물질을 실제로 교환하는 곳은?
① 심장　　② 허파
③ 모세혈관　　④ 신장

27. 몸의 한 부분의 상황을 다른 부분으로 연락할 때 신경이 담당한다. 이때 한 신경세포에서 다음 신경세포로 시냅스를 통해 전달할 경우 주로 어떤 현상을 통해서 전달하는가?
① 화학적 현상　　② 물리적 현상
③ 전기적 현상　　④ 생물학적 현상

28. 콜라겐(collagen)의 진피성분의 90% 차지하고 피부장력에 영양을 미치는 것은?
① 교원섬유(collagen fider)
② 탄력섬유(elastic fider)
③ 기질(geound substance)
④ 피하조직(subcutaneous fat)

29. 피부의 구조중 각질형성세포(keratino cyte)멜라닌세포(melanocyte), 랑게르한스세포(langerhans

cell), 중간세포에 존재하며 표피내 에서 세포분열이 일어나서 세포가 상부로 밀려 올라가는 피부층은?
① 각질층(corneal layer)
② 투명층(transitional layer)
③ 유극층(spinous layer)
④ 기저층(basal layer)

30. 진피(dermis)에 대한 설명이다. 맞는 것은?
① 수분을 많이 함유하며 피부를 탄력있게 유지시켜준다.
② 피부의 20%를 차지한다.
③ 진피층은 유극층(spinous layer)과 망상층 (reticular layer)으로 나눌 수 있다.
④ 오직 탄력섬유(elastic fiber)만으로 피부를 보호한다.

31. 아래의 보기는 무엇을 설명하고 있나?

> 피부의 건조함을 방지하는데 가장 이상적인 천연 원료 역할을 하게되며 수분이 빠져나가지 못하도록 하는 작용을 한다. 이 성분의 40%는 유리아미노산(free amino acid)중에서 세린(serine)이 차지하고 있다. 따라서 세린은 보습제로 널리 사용되고 있다.

① 레티놀(retinol)
② 천연보습인자(Natural Moisturizing Factor)
③ 콜라겐(collagen)
④ 비타민유도체

32. 모발의 기원이 되는 세포로 모발과 가장 가까이 있는 세포는?
① 모기질(hair matrix)
② 모모세포(hair mother cell)
③ 외측모근초(outer root sheath)
④ 입모근(arrector pill musle)

33. 남성형 탈모의 원인은?
① 에스트로겐의 과다 생성 때문이다.
② 알레르기, 유전, 자율신경 이상 등이 원인이다.
③ 땀의 과다 분비 때문이다.
④ Testosterone이 5RD의 영향으로 DHT로 바뀌면서 탈모가 일어난다.

34. 다음 중 티록신 분비가 적어짐으로써 생기는 티록신 결핍증을 치료하기 위한 방법으로 가장 적합한 것은?
① 운동
② 미역 등의 요오드 성분 섭취
③ 칼슘의 섭취
④ 티록신 호르몬을 인위적으로 투여

35. 다음 중 뼈 속에 저장된 칼슘을 유리시켜 혈액의 칼슘 농도를 높이는 것은?
① 알도스테론
② 부갑상선 호르몬과 비타민 D
③ 프로락틴
④ 칼시토닌

36.남성 호르몬이 생산되는 곳은 어디인가?
① 세정관(seminiferous tubule)
② 라이디히세포(Leydig's cell)
③ 정낭(seminal vesicle)
④ 쿠퍼씨선(Couper;s gland)

37. 다음 중 남성호르몬의 분비를 자극하고 증가시키는 것은 어느 것인가?
① 에스트로겐 ② 테스토스테론
③ 여포자극호르몬 ④ 황체형성호르몬

38. 모발의 구조를 잘못 설명한 것은?
① 피지선: 모낭아래 위치하며 피지를 분비하여 윤기를 준다.
② 모모세포: 모유두로 영양과 산소를 받아 모발을 만든다.
③ 모근: 두피아래 모낭속에 있는 모발을 말한다.
④ 모유두: 혈관과 림프관을 통해 산소와 영양분을 공급 받는다.

39. 고객의 입장에서 상담자/관리자를 바라볼 때 바람직하지 못한 행동은?
① 조용하면서 약간 부드러운 분위기
② 정성스런 관리를 받았다는 느낌
③ 아주 친한 친구처럼
④ 정확한 지식으로 전문적인 답변을 할 때

40. 미안용 기기 중 피부의 노폐물 배설을 촉진시키고 비타민D를 생성하는 기기는 어떠한 것인가 ?
① 적외선 등 ② 자외선 등
③ 테슬라 전류 미안기 ④ 갈바닉 전류 미안기

41. 두피관리시 사용되는 기기에 대한 설명이다. 무엇에 대한 설명인가?
① 저주파 ② 스티머 ③ 워터펀치 ④ 미스트

42. 다음은 모발 분석시 어떠한 미네랄이 부족해서 생기는 증상인가 ?
[당뇨병, 지구력 부족, 골다공증, 저혈당증, 이명, 천식]

① 구리 ② 인 ③ 망간 ④ 아연

43. 각혈점과 골격에 대한 설명이다. 이 중 틀린 것은?
① 경추 – 흔히 목뼈라고도 하며 7개의 뼈로 이루어져 있다.
② 흉추 – 경추 밑으로 12개가 존재하며 횡경막과 이어져 있다.
③ 아문 – 머리카락이 시작되는 곳, 요추 1번 밑
④ 천주 – 뒷머리 모발선에서 위로 0.5촌, 중간선 양 측에서 각1.3촌

44. 두피 경혈 마사지에 대한 효과를 설명하였다. 맞지 않는 것을 고르시오?
① 내분비 계통의 자극은 호르몬 분비의 균형을 이루어, 모발손상을 개선 시킨다.
② 피부노화를 예방하고 피부에 윤기를 더 해준다.
③ 혈액순환을 원활하게 하여 모발의 성장을 촉진시킨다.
④ 신체의 인공치유력을 높인다.

45. 각화된 표피가 제때 떨어지지 못해 모공이 막혀 염증이 생기고 울혈은 없지만 두피가 가렵고 따가움을 느끼는 두피는?
① 지성두피 ② 복합성 두피
③ 건성두피 ④ 예민성 두피

46. 비듬성 두피에 대한 설명 중 틀린 것은?
① 비듬균의 이상 증식으로 인해 생긴다.
② 관리방법으로 두피의 자극을 최소화하고 두피의 기능을 정상화하는 것이 중요하다.
③ 호르몬의 불균형 유전적요인, 피지선의 과다 분비 등이 원인이다.
④ 비듬 전용 샴푸제를 사용하며 비듬 제거를 위한 스켈링 제품을 사용한다.

47. 탈모에 대한 설명으로 틀린 것은?
① 모발의 성장기가 짧아져 기존모에 비해 단축되는 특징을 지닌 탈모를 자연탈모라 한다.
② 건강한 사람의 경우 40-100본 정도가 1일 탈모되는 것은 정상적인 탈모이다.
③ 자연탈모된 모근은 곤봉형의 형태를 띠고 있다.
④ 모발의 색상이 점차적으로 연한 갈색톤으로 변화되는 현상은 이상탈모에 속한다.

48. 탈모의 내부적 요인이 아닌 것은?
① 환경오염 ② 호르몬의 변화
③ 피지분비이상 ④ 영양결핍

49. 모발의 끝이 뾰족하고 울퉁불퉁한 것은 어떤 케이스라 할 수 있는 것인가?
① 두부백선 ② 원형탈모증
③ 견인성탈모증 ④ 발모광

50. 뇌하수체전엽에서 분비되는 호르몬이 아닌 것은?
① 성장 호르몬 ② 멜라닌 호르몬
③ 부신피질 호르몬 ④ 갑상선 호르몬

51. 태양의 자외선에 의해 피부에서 만들어지며 칼슘과 인의흡수를 촉진하는 기능이 있어 골다공증의 예방에 효과적인 것은?
① 비타민K ② 비타민P
③ 비타민D ④ 비타민E

52. 다음 마사지기술 중 유연법에 속하는 것은?
① 니딩(kneading) ② 태핑(tapping)
③ 컵핑(cupping) ④ 해킹(hacking)

53. 갑상선에 문제로 인해 탈모가 유발되기도 한다. 다음 중 항진증에 해당하지 않는 것은?
① 심박동 증가 ② 지성피부로 변화
③ 식욕증가 ④ 눈썹바깥부분 탈락

54. 모발성장촉진에 좋지 않은 식품을 고르시오?
① 조개류 ② 마늘
③ 계란 ④ 백미

55. 두피관리의 순서가 올바른 것은?
① 전문지식습득–상담–진단–프로그램설정–관리–홈케어 관리
② 전문지식습득–진단–상담–프로그램설정–관리–홈케어 관리
③ 전문지식습득–상담–진단–관리–프로그램설정–홈케어 관리
④ 전문지식습득–상담–진단–프로그램설정–홈케어관리–관리

56. 지성두피에 대한 설명 중 맞는 것은?
① 표면에 각질이 쌓여 있다.
② 모공이 불순물 없이 깨끗한 상태로 열려 있다.
③ 과다한 피지분비로 두피의 호흡이 원활하지 못하고 기능이 저하된다.
④ 약한 자극에도 따갑거나 발열현상으로 민감하게 반응한다.

57. (   )는 발생시 간엽세포로 부터 유래한다. 모발의 성장조절 분비하여 모발의 성장을 조절한다.(   )안

에 들어갈 말을 고르시오.
① 모모세포(hair mother cell) ② 모유두(papilla)
③ 모수질(medulla) ④ 모피질(cortex)

58. 모발의 주기에서 모발전체의 수명이 3-6년으 로 전체 모발의 80%-90%가 이 시기에 해당 하는가?
① 성장기(anagen stage)
② 휴지기(telogen stage)
③ 퇴행기(catagen stage)
④ 발생기(new anagen stage)

59. 모발은 영양상태나 유전적요인 건강상태에 따라 다소차이가 있으나 평균 한달에 몇센치가 자라는가?
① 0.5cm ② 1cm-1.5
③ 1.5cm-3cm ④ 5cm

60. 다음 탈모 중 전염성이 있는 탈모증은 ?
① 지루성 피부염에 의한 탈모
② 원형탈모증
③ 두부백선에 의한 탈모증
④ 탈모성 모낭염에 의한 탈모

61. 약물치료방법에 대한 설명이다. 무엇에 관한 설명인가?
① 프로페시아 ② 두타
③ 미녹시딜 ④ 아보다트

62. 단백질에 최종 분해산물은 무엇인가?
① 글리세롤 ② 포도당
③ 아미노산 ④ 글리코겐

63. 소화기관중 독특하게 산성을 띄며 소화세포가 있어 소화에 필요한 다 양한 분비물을 내는 부분은 어느 곳인가?
① 소장 ② 신장
③ 췌장 ④ 위장

64. 지용성 비타민이 아닌 것은 ?
① 비타민 A ② 비타민 D
③ 비타민 E ④ 비타민 C

65. 다음은 어떠한 문제성 두피에 관한 내용인가?

고혈압 치료제로 사용되며 부작용으로 이마나 손등에 털이 나서 치료제로 사용중이다. 일반적으로 여성은 2%, 남성은 5%를 사용한다.

① 반흔성 탈모
② 매독성 탈모
③ 영양 장애성 탈모
④ 장성지단 피부염에 의한 탈모

66. 상담시 내담자의 마음을 열도록 도와주는 내용이 아닌 것은?
① 내담자가 하려고하는 말을 신중히 자세히 듣는다.
② 상담중 공감대를 형성하는 작은 동작으로 표현한다.
③ 내담자의 말에 경청한다.
④ 내담자의 잘못을 따진다.

67. 상담중 두피분석의 목적이라고 볼수 없는것은?
① 고객의 두피타입을 정확히 알아 올바른 관리를 하기 위함이다.
② 두피상태를 결정하여 적절한 트리트먼트를 선택하기 위함이다.
③ 고객의 나이와 건강상태를 관찰하여 두피분석의 중요한 요소로 삼기위해
④ 고객에게 제품을 판매하기 위해서다.

68. 상담자는 고객이 고충을 해소할수있는 상담이 이루어질 수 있도록 해야 하는만큼 갖추어야할 자세와 거리가 먼것은?
① 일반적으로 내가 아는대로 무조건 가르친다.
② 상담을 통해 원인을 찾아 방법을 제시한다.
③ 상대말에 쉽게 동화한다.
④ 자신이 판단하고 결정 짓는다.

69. 두피관리 모발과 두피의 실제로 관리 종결 후 상담시 주요사항은?
① 지나치게 재티겟팅을 유도한다.
② 불만족시 고객의 책임으로 전가한다.
③ 센타에서 전문적인 관리를 유도한다.
④ 새로운 고객유치에 열을 다한다.

70. 모발은 보통 A(　)%의 수분을 가지며 샴푸 후는 B(　)% 드라이 건조시, C(　)%정도의 수분을 가지며 온도와 습도의 영양을 받는다. (　)를 알맞게 배열한 것은?
① A 10%-15% , B 30% , C 10%
② A 5% , B 50 , C 0%
③ A 30% , B 40% , C 0%
④ A 20% , B 20% ,C 5%

71. 모발은 80-90%(　)단백질로 구성되어 있으며 그 외 멜라닌색소(　)% 이하 피지1-8% 수분(　)% 미량원소 등이 포함되어 있다. (　)칸에 올바른 것을 고르시오.

① 케라틴(Keratin): 3%-10-15%
② 아르기닌(Arginine): 80%-30%
③ 글리신(Glycine): 3%-20%
④ 아스파르긴산(aspartic acid): 20%-10-15%

72. 갑상선 기능의 조절은?
① 뇌하수체 ② 부신피질
③ 부신수질 ④ 교감신경

73. 모발의 기원이 되는 세포로 모유두로부터 영양공급을 받아 세포분열하는 것은?
① 모모세포 ② 모유두
③ 모낭 ④ 모구

74. 발생시 간엽세포로부터 유래하며 혈관이 통하는 부분으로 모발의 상태 및 굵기를 결정짓는 작용하는 것은?
① 모모세포 ② 모유두
③ 모낭 ④ 모구

75. 모근을 둘러싸고 있는 주머니이며 두피밖으로 나오는 모발을 보호하는 기능과 각질화되어 두피각질과 함께 떨어져나가는 것은?
① 모모세포 ② 모유두
③ 모낭 ④ 모구

76. 모근부에 속하는 것은?
① 모피질 ② 피지선
③ 모낭 ④ 모구

77. 내모근초에 대한 설명 중 틀린 것은?
① 표피의 가장 안쪽인 기저층에 접하고 있다.
② 위에서 아래로 단층의 기와모양으로 겹쳐져 있다.
③ 초표피, 헉슬리층, 헨레층으로 구성되어있다.
④ 모표피와 더불어 기와모양의 표피가 되어 표피문리를 형성한다.

78. 모표피에 대한 설명 중 틀린 것은?
① 모발의 10-15%를 차지한다.
② 모발의 가장 바깥층으로 비늘모양으로 되어 있다.
③ 모발의 색을 결정해준다.
④ 에피큐티클, 엑소큐티클, 엔도큐티클의 구조로 되어 있다.

79. 피질세포의 집합체로 모발의 대부분이 85-90%를 차지하며 피질세포와 세포간 결합물질로 구성된 것은?
① 모피질 ② 모표피
③ 모수질 ④ 간충물

80. 무엇에 대한 설명인가?
① 신장 ② 폐
③ 비장 ④ 간, 심장

81. 상담의 목적이 아닌 것은?
① 정확한 지식 전달로 고객의 인식과 태도를 바꾸게 한다.
② 개선된 생활습관을 지니도록 한다.
③ 관리사의 의지대로 관리한다.
④ 고객의 잘못된 습관을 스스로 깨닫게 한다.

82. 각 혈점과 골격에 대한 설명이다. 이 중 틀린 것은?
① 경추 – 흔히 목뼈라고도 하며 7개의 뼈로 이루어져 있다.
② 흉추 – 경추 밑으로 12개가 존재하며 횡경막과 이어져 있다.
③ 아문 – 머리카락이 시작되는 곳, 요추 1번 밑
④ 천주 – 뒷머리 모발선에서 위로 0.5촌, 중간선 양측에서 각1.3촌

83. 모발의 구성성분에 대한 내용이다. 무엇을 설명한 것인가?

피부와 마찬가지로 피지선에서 분비된 피지와 함께 모피질 세포에도 함유하며 모발이 친유성을 띄게 하기도 하며 모발전체에 약 1-9%를 차지한다.

① 단백질 ② 멜라닌
③ 지질 ④ 수분

84. 다음 탈모 중 전염성이 있는 탈모증은 ?
① 지루성 피부염에 의한 탈모
② 원형탈모증
③ 두부백선에 의한 탈모증
④ 탈모성 모낭염에 의한 탈모

85. 모발의 등전점은 얼마인가?
① pH4.5-5.5 ② pH5.5-6.5
③ pH6.5-7.5 ④ pH7.5-8.5

86. 다음 중 모발의 주쇄결합?
① 염결합 ② 시스틴결합
③ 수소결합 ④ 펩티드결합

87. S황유 아미노산인 시스테인 2개가 S을 사이로 결합한 것은?
① 염결합 ② 시스틴결합
③ 수소결합 ④ 펩티드결합

88. 아미노기와 카르복실기의 이온적 결합에 의한 결합은?
① 염결합 ② 시스틴결합
③ 수소결합 ④ 펩티드결합

89. 분자내의 수소원소가 타 분자의 산소나 질소에게 끌리는 현상을 무엇이라 하나?
① 염결합 ② 시스틴결합
③ 수소결합 ④ 펩티드결합

90. 멜라노사이트의 돌기부끝에서 방출되며 모발의 케라노사이트와 결합해서 주로 피질세포에 많이 들어가 모발의 색을 결정하는 것은?
① 간충물질 ② 케라틴
③ 피질세포 ④ 멜라닌

91. 모발 손상원인에 대한 설명 중 맞는 것은?
① 높은 열이나 빛에 의해 색과 구조가 변하지 않는다.
② 모발 손상의 원인은 크게 화학적 원인과 물리적 원인으로 나눈다.
③ 모발은 270-300℃에서 케라틴 구조의 변형을 유발한다.
④ 모발의 자외선의 영향을 받지 않는다.

92. 일광소독에서 살균작용을 하는 인자는 다음 중 어느 것인가?
① 적외선 ② X-선
③ 자외선 ④ 가시광선

93. 공해 질병인 이따이이따이병의 유발 물질에 해당되는 것은?
① 구리 ② 납
③ 카드뮴 ④ 유기수은

94. 표피의 구조는 육안으로 볼 수 있는 부분인 각질층으로부터 어떤 순서로 구조를 이루고 있는가?
① 각질층 - 유극층 - 과립층 - 기저층
② 각질층 - 과립층 - 기저층 - 유극층
③ 각질층 - 과립층 - 유극층 - 기저층
④ 각질층 - 기저층 - 유극층 - 과립층

95. 모발생성에 신호를 전달해 주는 곳은?
① 모유두 ② 모세혈관
③ 모모세포 ④ 자율신경

96. 피부의 변성물에 속하지 않는 것은?
① 털 ② 손톱
③ 발톱 ④ 피지

97. 피하조직과 관계가 없는 것은?
① 근육과 뼈 사이에 주로 있다.
② 지방을 많이 포함하고 있어 곡선미와 관련 있다.
③ 체내에 열이 외부온도의 변화에 의해 좌우되지 않도록 한다.
④ 피하조직에 세포가 없다.

98. 모발을 구성하는 세포의 근원은?
① 모간 ② 모모
③ 모구 ④ 모근

99. 손상모가 세로 방향으로 끊어지고 측쇄결합이 라고도 하며 모발의 화학결합 가운데 가장 강한 결합력은?
① 수소결합 ② 염결합
③ 펩티드결합 ④ 시스틴결합

100. 브러싱의 정의가 아닌 것은?
① 모발과 두피 상태를 파악
② 샴푸전 엉킨 모발을 정리
③ 두피의 혈액순환을 도와 줌
④ 고객의 상태를 편안하고 안정시키는 과정

Type D

두피관리 문제은행

Associate Trichologist(Level Ⅱ)

출제: 두피가발문화연구센터
사)대한가발협회 학술위원회

서울시 송파구 문정동 516 가든파이브 라이프동 8층 T-8003-5호
Tel : 02-6396-3388 / 02-2157-7767 Fax : 0303-0396-3388

1 .모피질(hair cortex)에 대한 설명이 아닌 것은?
① 모발의 85-90%로 대부분을 차지한다.
② 멜라닌 색소를 많이 함유하고 있다.
③ 여러 섬유상세와 간층물질로 구성되어있다.
④ 물리적인 손상을 받기 쉽다.

2. 모모세포(hair mother cell)는 어느기관의 영양분을 공급받아 모발로 성장하는가?
① 모공 ② 피지선
③ 모유두 ④ 입모근

3. 모피질(hair cortex)이 아닌 것은?
① 에피큐티클 (epicuticle)
② 엑소큐티클 (exocuticle)
③ 엔도큐티클 (eodocuticle)
④ Hair medulla

4. 모낭의 형성과정을 배열한 순서가 옳은 것은?
① 전모아기-모아기-모항기-모구성모항기-모낭완성
② 전모아기-모항기-모아기-모구성모항기-모낭완성
③ 전모아기-모항기-모구성모항기-모아기-모낭완성
④ 전모아기-모아기-모구성모항기-모항기-모낭완성

5. 페오멜라닌(Pheomelanin)에 대해서 다르게 설명한 것은?
① 노랑색, 빨강색머리의 주색소이다
② 동양인에게 많다.
③ 검은 모발 색소에 비해 입자가 작다
④ 서양인에게 많다.

6. 유멜라닌(Eumelanin)에 대해서 다르게 설명한 것은?
① 주로 갈색, 검은색 머리색의 색소이다.
② 동양인이나 흑인모발색이다.
③ 서양인에게 많다.
④ 모발색 뿐만 아니라 피부색에도 관여한다.

7. 모발의 형태에 대한 설명으로 바르지 못한 것은?
① 직모(Straigh hair) - 횡으로 짤랐을 때 단면은 원형-황인종에 많다.
② 파상모(wavy hair) - 약간 곱슬머리 횡단면 타원형-백인종
③ 경모(treminal hair) - 배냇머리 단면원형- 출생후 머리
④ 축모(curly hair) - 강한 곱슬머리 횡단면 납작-흑인종

8. 한선(Sweat glands)에 대한 설명으로 맞지 않은 것은?
① 피부의 모든 곳에 분포한다.
② 입술 경계부, 귀두부, 손, 발톱을 제외한 피부의 모든 곳 이다.
③ 겨드랑이 유방 눈꺼풀에 존재하는 것을 대한 선이라 한다.
④ 남성호르몬(Testosterone)의 영양을 받는다.

9. 모발손상의 요인 중 화학적 요인이 아닌 것은?
① 유전적 ② 펌
③ 염색 ④ 탈색

10. 다음 중 두피의 작용으로 틀린 것은?
① 보호작용 ② 체온조절작용
③ 흡수작용 ④ 저장기능

11. 모발은 세포분열과정 중 어디에서 만들어지는가?
① 외배엽 ② 중배엽
③ 내배엽 ④ 수정란

12. 다음 중 모발의 기능에 대한 설명 중 틀린 것은?
① 외부의 물리적 충격으로부터 완충작용함.
② 외부의 오염물질로부터 인체를 보호해 줌.
③ 눈썹과 속눈썹은 햇빛, 땀방울로부터 눈을 보호해 줌.
④ 헤어스타일의 연출에 따라 인상 변화 없다.

13. 모발의 굵기에 따른 종류에 대한 설명 중 틀린 것은?
① 모근의 형성과 함께 만들어진 첫번째 털을 취모라 한다.
② 경모는 변형이 어렵고 호르몬의 영향을 받는 특징을 지닌다.
③ 연모에는 모수질이 존재하고 모발의 색이 갈색을 띈다.
④ 연모는 남성이 여성에 비해 빨리 찾아온다.

14. 모발형태에 대한 설명 중 틀린 것은?
① 모발이 직모이면 다른 신체 부위도 직모이다.
② 직모는 굵기가 굵으며 횡단면이 원형에 가깝다.
③ 파상모의 횡단면의 모양은 타원형에 가깝다.
④ 흑인종의 모발은 축모에 속한다.

15. 모발의 발생을 수정란에서 수십개의 세포로 분화된다. 이렇게 분화된 세포는 피부, (피부, 뇌신경계)로 만들어 지며 중배엽(골격,근육, 심장), 내배엽(소화기계통)으로 분화되어 조직이 형성되어 간다. 이때 안에 해당 되는 것은?
① 외배엽 ② 중배엽
③ 대배엽 ④ 모공

16. 아래사항은 무엇을 설명하는가?
① 엑소큐티클(exocuticle)
② 에피큐티클(epicuticle)
③ 엔도큐티클(eodocuticle)
④ 헤어코텍스(hair cortex)

17. 모발의 ph는?
① pH 4.5-.5 ② pH 7.5
③ pH 11.5 ④ pH 14

18. 임신 8개월 정도 지나면 자연 탈락 되는 모발은?
① 연모(솜털, vellus hair)
② 경모(종모, terminal hair)
③ 종모
④ 취모(배냇머리)

19. 모발의 성장속도에 관해서 설명한 글들이다. 맞지 않는 것은?

모발의 85-90%를 차지하고, 피질세포(cortical cell)로 구성된다. 피질세포는 실모양의 섬유상세와 간층물질로 되어있으며 멜라닌색소를 많이 함유하고 있다.

① 태아는 출생후 6-7주 후면 눈썹이 만들어 지고 다른 털은 12주 후에 난다.
② 보통 하루 0.2-05mm정도 자란다.
③ 하루에 500개 정도 빠지면 정상이다.
④ 1년 중 에는 5.6월 때 가장 많이 자라고 낮보다 밤에 더 잘 자란다.

20. 모발의 구성성분들을 설명하였다. 적당한 것은?
① 모발은 케라틴단백질 80~90%로 구성되어 있다.
② 멜라닌 색소는 피부색에 관여하고 모발색상과는 상관이 없다.
③ 모발구성의 기본물질은 단 하나의 아미노산의 합성이다.
④ 아미노산(amino acid)은 탄소로만 구성되어 있다.

21. pH와 모발과의 관계를 설명한 것 들이다. 틀린 것은?
① 염기(강알칼리)에서 모발은 성장이 빨라진다.
② 비누는 pH10-11 이므로 pH6-7인 보통샴푸보다 때를 더 잘 빼준다.
③ 산성에서는 모발이 응축되어 단단해 진다.
④ 모발은 pH가 높을 때 결합이 느슨해 진다.

22. 모발의 성장단계에서 성장기 모발은 (   )년 간 지속된다. (   ) 안에 알맞은 답은?
① 1년 ② 2년
③ 3-6년 ④ 10년

23. 멜라닌 색소(Melano cyte)의 형성과정을 나타낸 글들이다. 다음 중 틀린 것은 무엇인가?
① 티로신이 티로시나제에의해 Dopa로 변화되는 것으로 시작된다.
② Dopaquione은 pheomelanins를 형성한다.
③ Dopaquione은 자동산화 및 다른 효소들에 의해 Eumelanins이 형성된다.
④ 멜라닌 형성은 여성호르몬의 영향을 받아 움직인다.

24. 아래 보기의 (   )안에 알맞은 단어를 순서대로 배열한 것은?

모발의 구조는 두피 밑에 있는 (   )와 두피 위에 드러나는 (   )부로 나누며 모간의 구조는 외부로부터 모표피 → (   ) → 모수질로 크게 구분할 수 있다.

① 모간부, 모근부, 모모세포
② 모근부, 모간부, 모피질
③ 모구, 피질세포, 폴리펩타이드
④ 모낭, 모유두, 모모세포

25. 모유두 기능에 속하지 않는 것은?
① 영양흡수 ② 영양전달
③ 모질의 굵기전달 ④ 신경계 조절

26. 교감신경계의 역할이 아닌 것은?
① 호흡이 가빠진다. ② 혈압이 상승한다.
③ 동공이 커진다. ④ 소화가 촉진된다.

27. 진피에 대한 설명 중 옳지 않는 것은 ?
① 단백질의 일종인 교원섬유와 탄력섬유로 구성되어 있다.
② 진피는 유극층과 망상층으로 분류된다.
③ 피부의 생리작용과 젊음의 중요한 역할을 한다.
④ 콜라겐은 피부 내 자연보습을 담당하는 매우 중요한 요소이다.

28. 피지가 분비되는 외부요인에 해당하는 것은?
① 마찰 ② 호르몬
③ 나이 ④ 체질

29. 다음 중 한선의 역할이 아닌 것은?
① 신장의 보조기능 ② 체온조절의 기능
③ 산도유지 ④ 수분증발 억제

30 모세혈관의 울혈에 의해 피부가 발적 된 상태를 무엇이라 하는가 ?
① 소수포 ② 종양
③ 홍반 ④ 자반

31. 표피와 진피의 경계선의 형태는?
① 직선 ② 물결상
③ 사선 ④ 접선

32. 피부관리의 순서 중 올바른 방법은?
① 청결 – 자극 – 침투 – 보호
② 자극 – 침투 – 청결 – 보호
③ 청결 – 침투 – 자극 – 보호
④ 자극 – 청결 – 보호 – 침투

33. 일반 성인 여성 피지 분비량은 얼마인가?
① 4g ② 3g ③ 2g ④ 1g

34. 교감 신경계의 역할이 아닌 것은?
① 호흡이 가빠진다.
② 혈관이 수축한다.
③ 아드레날린 분비를 왕성하게 한다.
④ 소화관 운동을 촉진시킨다.

35. 각질화 과정이 실제 일어나는 층은?
① 표피의 과립층 ② 표피의 투명층
③ 표피의 각질층 ④ 표피의 기저층

36. 배아층이 진피층에서 진입하는 단계이며 발달된 중간층 세포가 배아층 세포 속으로 진입하는 단계는?
① 전모아기 ② 모아기
③ 모항기 ④ 모구성 모항기

37. 스트레스가 하는 일이 아닌 것은?
① 아드레날린 생성을 증가시킨다.
② 땀 분비를 증가시킨다.
③ 심장 박동률을 증가시킨다.
④ 당원분해를 감소시킨다.

38. 지성피부, 확산성 탈모, 신경질, 열이 나는 느낌은 무엇과 관련 있는가?
① 당뇨 ② 갑상선 기능 부전
③ 갑상선 기능 항진 ④ 남성화

39. 다음 식품군 중 효소에 의해 분해되지 않는 것은?
① 탄수화물 ② 단백질
③ 지방 ④ 미네랄

40. 마사지의 결과로써 말초 순환과 발한을 증가시키는 것은 몸에 어떤 시스템의 역할인가?
① 내분비계 ② 중앙신경계
③ 교감신경계 ④ 부교감신경계

41. 아포크린선은 무엇에 의해 조절 되는가?
① 티록신 ② 교감신경계
③ 성호르몬 ④ 인슐린

42 모발이 퇴행기와 휴지기로 들어가면 멜라노사이트는?
① 모근에 남는다.
② 표피 속으로 이동한다.
③ 유두 속으로 이동한다.
④ 죽는다.

43. 다음 중 신경전달에 있어서 중요하지 않은 미네랄은?
① 칼슘 ② 망간
③ 마그네슘 ④ 칼륨

44. 모피질에 대한 설명이 아닌 것은?
① 모발의 85–90% 대부분을 차지한다.
② 멜라닌 색소를 많이 함유하고 있다.
③ 화학약품의 작용을 받기 쉽다.

④ 모발의 건조를 막아준다.

45. 모근부의 구조 중에서 포함되지 않는 것은?
① 모구부 ② 모유두
③ 헤어코텍스 ④ 모모세포

46. 모간부의 구조 중에서 해당되지 않는 것은?
① 모표피(hair cuticle)
② 모피질(hair cortex)
③ 모수질(hair medilla)
④ 모모세포(hair mother cell)

47. 모발내의 결합들을 말한다. 다른 하나는?
① 펩티드 결합 ② 이온결합
③ 시스틴결합 ④ 산소결합

48. 공포를 느낄 때나 추울 때 에는 수축하여 털을 서게 하며 근육으로 피지선의 아래쪽에 붙어있는 입모근은 모발 어느 부위에 해당 하는가?
① 모근부 ② 모간부
③ 모공 ④ 모발

49. 모발의 탄력성에 대한 연결이 다른 것은?
① 보통모발: 1.5배 20-30%
② 젖은모발: 3배 30-50%
③ 젖은모발: 1.7배 50-60%
④ 펌, 로션에 적인 모발: 2배 약 70%

50. 아래 보기의 ( )안에 들어갈 말을 고르시오.

( )은 움푹 들어간 모구와 맞물려져 있고 모세혈관이있어 모발 성장에 필요한 산소와 영양공급이 이루어지며 새 모발을 만들어 내는 역할을 한다.

① 모낭(Hair Follicle)
② 모구(hair blud)
③ 모유두(hair papillia)
④ 입모근(Arrector pill myscle)

51. 두개피부에 있어서 자율신경에 지배를 받고 있지 않는 것은?
① 혈관 ② 한선
③ 피지선 ④ 입모근

52. 모발 성장이 약화되는 원인을 보유하고 있지 않는 사람은?
① 50대 중반의 남자
② 임신 중 인 주부
③ 암 또는 당뇨 치료 중 인 남자
④ 고열로 앓고 난 사람

53. 모발이 초기에 세포분열 하여 발생 되는 곳은?
① 외배엽 ② 내배엽
③ 중배엽 ④ 중이

54. 인체 피부 표면에서 살균작용을 하거나 세균의 번식을 막는 역할을 하는 것은 ?
① 피지막 ② 땀샘
③ 멜라닌 색소 ④ 수분

55. 모발의 손상요인이 아닌 것은?
① 마른 모발에 브러싱
② 강한 햇빛에 노출되었을 때
③ 알칼리성 샴푸 세정 후 산성린스를 한 경우
④ 펌, 염색 시술을 한 경우

56. 피지 생산은 무엇에 의해 증가 되는가?
① 에스트로겐 ② 안드로겐
③ 아로마타아제 ④ 인슐린

57. 퍼머넌트시 웨이브 형성이 강해지고 모발의 중심부에 있는 것은?
① 모표피(cuticle) ② 모피질(cortex)
③ 모수질(medulla) ④ 모포선

58. 백모에 대해서 설명한 것 중 다른 하나는?
① 백모는 색소의 이상이나 노화현상이다.
② 보통 측두부, 두정부, 후두부 순으로 진행된다.
③ 펌과 염색이 잘 되지 않는다.
④ 멜라닌 생성속도가 빨라진다.

59. 모발전체의 50%를 차지하며 아미노산 함유량이 많다. ( )이 유실되어 버리면 건조한 모발이 된다. ( )안에 알맞은 것은?
① 간층물질 ② 에피큐티클
③ 모낭 ④ 모구

60. 부갑상선 호르몬의 기능은?
① 성장 정체 현상
② 칼슘대사에 중요한 조절기능
③ 안드로겐 분비
④ 물과 전해질의 균형 조절기능

61. 모발의 성질을 설명한 것이다. 옳지 않은 것은?
① 모발은 약산성이다.
② 모발은 흡습성이 있어 10-15%수분을 함유한다.

③ 모발의 탄력은 상온에서 150배 가지이다.
④ 모발시술을 가능하게 하는 것은 다공성의 성질 때문이다.

62. 모발의 굵기에 따른 종류가 아닌 것은?
① 취모 ② 직모
③ 연모 ④ 경모

63. 모발형태에 따른 종류가 아닌 것은?
① 직모(Straigh hair)
② 파상모(wavy hair)
③ 축모
④ 종모(curly hair)

64. 모발 형태 중 매우 강한 곱슬머리며 횡단면의 모양이 납작하고 흑인의 모발인 것은?
① 직모 ② 파상모
③ 축모 ④ 연모

65. 아래 보기를 읽고 어떤 탈모를 말하는지 고르시오.

> 국부적으로 특정부위만 탈모하는 것으로 위축모의 형태가 많고 스트레스가 주원인으로 인식되며 관리 3개월 후 모발이 자란다.

① 남성M자형 탈모 ② 어린이탈모
③ 원형탈모 ④ 여성형탈모

66. 지성두피 관리방법 중 옳은 것은?
① 샴푸 양을 많이 사용한다.
② 샴푸시 빗질을 해야 깨끗해진다.
③ 두피 세정 후 충분히 헹군다.
④ 젖은 머리로 수면에 들어가도 무방하다.

67. 모발을 태우면 비릿한 냄새가 나는데 어떠한 성분 때문인가?
① 수소 ② 유황
③ 질소 ④ 탄소

68. 다음 모간에 대한 설명 중 틀린 것은 ?
① 모표피는 털이 바깥층으로 피질을 둘러싸고 있다.
② 수질은 모간의 줏대로서 피질보다 안쪽에 있다.
③ 수질은 경모와 연모에 있다.
④ 피질은 멜라닌 색소의 알맹이를 포함하고 있어 탈색의 원인이 된다.

69. 일반적으로 동양인 모발이 10만 개일 때 하루 평균에 빠지는 양은 얼마나 되는가 ?
① 55개 ② 70개
③ 80개 ④ 100개

70. 직외신 등은 직외신이 피부에 침두 했을 때 주로 어떤 작용을 미용기술상으로 이용하는가?
① 온열자극
② 비타민D 생성
③ 근육의 수축운동 촉진
④ 지각신경의 자극

71. 피부의 각질, 털, 손톱의 구성 성분인 케로틴을 가장 많이 함유한 것은 ?
① 동물성 단백질 ② 동물성 지방질
③ 식물성 단백질 ④ 탄수화물

72. 모발 구성요소의 1-9%를 차지하고 있는 것은?
① 콜라겐 단백질 ② 케라틴 단백질
③ 멜라닌 색소 ④ 지질

73. 큐티클층 중에서 에피큐티클의 특성은?
① 친유성이고 화학약품에 강하다.
② 중간적 성질, 펌제에 강하다.
③ 친수성이고 알칼리에 약하다.
④ 친수성이고 화학약품에 강하다.

74. 인종에 따라 모발색은 서로 다르게 만들어진다. 동양인에게서 많이 볼 수 있는 멜라닌은 어떤 것인가?
① 페오멜라닌 ② 유 멜라닌
③ 티로시나아제 ④ 도파퀴논

75. 다음 중 멜라닌 색소가 아닌 것은?
① 갈색 ② 구리빛(오렌지색)
③ 적색 ④ 청색

76. 표피의 구성세포 중 틀린 것은?
① 케라티노사이트 ② 랑게르한스 셀
③ 레티큘린 ④ 머켈셀

77. 진피 내 존재하는 기관에 대한 설명이다. 이중 연관성이 없는 것을 고르시오 ?
① 입모근 – 자율적으로 움직이며 피지 분비를 관여한다.
② 모낭 – 털을 감싸고 있는 주머니를 말한다.
③ 한선 – 땀을 분비 체온을 조절한다.
④ 모유두 – 동맥, 정맥, 신경과 연결 털성장에 관여한다.

78. 지루성 탈모에 대한 설명 중 옳지 않은 것은?
① 머리에는 피지선, 한선이 많아 다른 곳 보다 기름분

비가 많아 미생물이 번식하기 쉽다.
② 미생물의 증식과 자외선 영향으로 변성한 화학물질 등으로 인해 두피에 염증이 생긴다.
③ 두피의 모공자리가 빨갛게 진행되면 지루성 습진이 생긴다.
④ 대부분 머리의 앞부분과 정수리의 머리가 가늘어 지면서 발전한다.

79. 지루성 두피에 대한 설명으로 올바르지 않은 것은?
① 과다한 피지분비와 노화각질의 영양에 따른 피지산화물이 원인이다.
② 지성두피는 하얀 비듬을 볼 수 있는데 이것은 피지가 과잉으로 분비되어 각질이나 비듬을 둘러싸고 있는 것이다.
③ 관리방법으로는 유 · 수분을 공급하여 들떠있는 각질세포 들을 팽윤 시켜야 한다.
④ 두피상태가 거칠며 부서지기 쉬운 피부이다.

80. 건강한 두피가 아닌 것은?
① 모공이 불순물이 없다
② 한 개 모공에 2-3개모발이 자라고 있다.
③ 두피전체가 촉촉하고 우유빛 이다.
④ 표면에 각질이 쌓여있고 각화된 표피가 있다.

81. 건성두피에 대한 설명이다. 옳지 않은 것은?
① 표면에 각질이 쌓여있고 각화된 표피로 모공이 막히는 경우이다.
② 쉽게 염증이 생긴다.
③ 두피가 가렵고 따가움을 느낀다.
④ 정상두피와는 달리 투명감이 없어 둔탁해 보인다.

82. 비듬균은 건성비듬과 지성비듬이 있다. 비듬의 원인이 아닌 것은?
① 유전적
② Pityrosporum ovale(비듬균)
③ 피지선과다분비
④ 규칙적인 운동

83. 아래 보기를 보고 어떠한 종류의 두피를 말하는지 고르시오.

유전이랑 관계없이 치료가 힘들고 국부적으로 시작해서 두피 전체로 확산될 수 있으며 가렵고 주 1-2회로 꾸준한 관리가 필요하다. 모발이 점점 가늘어지는 현상을 보인다.

① 지루성두피
② 건선두피(Dry scalp)
③ 민감성두피(sensitive scalp)
④ 독성에 의한 비듬

84. 두피관리의 목적은?
① 탈모가 진행 되었을 때는 두피관리가 더욱 악화시킨다.
② 두피에 필요영양분과 산소를 공급해 준다.
③ 두피각화 작용은 샴푸만으로 가능하다.
④ 두통 스트레스 해소가 목적이다.

85. 지루성 두피 관리 방법이다. 바르지 않은 것은?
① 염증이 퍼지지 않도록 살균 세정에 주의할 것
② 자극적 샴푸제 사용금지
③ 모발영양공급을 위해 단백질 컨디셔너로 샴푸한다.
④ 두피 피부염에 속하므로 전문의와 상담을 권유한다.

86. 탈모 방지제의 성분은 원료와 종류의 배합량에 따라 약사법에 정하고 있다. 유효성분이 아닌 것은?
① DHT억제제 ② DHT증가제
③ 보습제 ④ 항염증제

87. 모피질(hair cotex)에는 피질세포와 간충물질로 구성되어있다. 간충물질에 대하여 틀린 것은?
① 모발전체의 80%를 차지한다.
② 시스틴아미노산 함유량이 많다.
③ 성분은 C-케라틴, 폴리펩타이드, MNF등으로 구성되어 있다.
④ 유실되면 모발이 건조해진다.

88. 민감성(예민)두피의 정상과 원인이 아닌 것은?
① 강한 제품이나 압력에 민감하게 반응한다.
② 스트레스, 피로가 원인이다.
③ 선척적 유전에 의한 요인이다.
④ 비듬균이 원인이다.

89. 비듬관리 방법으로 홈 케어와 식습관의 생활태도이다. 거리가 먼 것은?
① 모발에 샴푸 버블이 생겼을 때 충분한 빗질이 중요하다.
② 비듬전용샴푸를 사용한다.
③ 아연 같은 비타민과 생선류 섭취를 늘린다.
④ 린스대신 레몬즙을 사용해도 좋다.

90. 여성호르몬 중 여성의 2차 성징을 발현시키는 호르몬은?
① 프로게스테론 ② 알데스테론
③ 아드레날린 ④ 에스트로겐

91. 비듬의 원인은 내적원인과, 외적원인으로 여러가지

가 있다. 이중 외적 요인으로 비듬의 원인이 아닌 것은?
① 족욕 ② 비위생적인 생활습관
③ 민감성두피 ④ 복합성두피

92. 모발의 멜라닌 색소를 대다수 차지하는 곳은?
① 모표피 ② 모수질
③ 모피질 ④ 간충물질

93. 일반적으로 1년 중 모발의 성장속도가 가장 빠른 계절은?
① 3-4월 ② 5-6월
③ 7-8월 ④ 9-10월

94. 자연 탈모의 모근 형태는?
① 곤봉형 상태 ② 마름모 상태
③ 마침표 상태 ④ 뾰족한 상태

95. 모발을 이루고 있는 아미노산 가운데 가장 많은 비율을 차지하고 있는 아미노산은 무엇인가?
① 아르기닌 ② 티로신
③ 시스틴 ④ 아스파라긴

96. 효소5알파환원 소는 무엇을 화학변화시키는가?
① DHT에서 테스토스테론으로
② DHEA에서 DHAES로
③ 테스토스테론에서 DHT으로
④ androstenedione에서 테스토스테론으로

97. 모발의 결합 중 산소원자와 수소원자 사이에 인력에 의한 결합으로 대체적으로 모발의 결합 중 힘은 약하나 비중을 많이 차지하며, 드라이나 셋팅의 원리에 많이 부여되는 결합은 ?
① 이온결합 ② 수소결합
③ 펩티드 결합 ④ 시스틴 결합

98. 탈모의 원인으로 옳은 것은?
① 5-redutase에 의해 테스토스테론이 DHT로 전환한다.
② 5-redutase에 의해 DHT가 테스토스테론(Testosterone)로 변한다.
③ 안드로겐(Androgen)의 영양으로 혈액순환 왕성
④ dHEA에서 dHEAS로

99. 건강한 두피를 가꾸는 미용법으로 일상 생활 습관이 많은 도움이 될 수 있다. 맞지 않은 것은?
① 자신에게 맞는 샴푸를 선택한다.
② 젖은 머리는 드라이로 뜨거운 바람으로 꼭 말리고 잔다.
③ 타월로 누르면서 물기를 제거한다.
④ 두피 마사지로 혈액순환을 돕는다.

Type

E

두피관리 문제은행

Associate Trichologist(Level Ⅱ)

출제: 두피가발문화연구센터
사)대한가발협회 학술위원회

서울시 송파구 문정동 516 가든파이브 라이프동 8층 T-8003-5호
Tel : 02-6396-3388 / 02-2157-7767 Fax : 0303-0396-3388

1. 두피가 건조하여 피지분비가 원활하지 못해 두피에 각질이 약간 쌓여있는 상태이며 영양공급이 이루어지지 않아 모발이 가늘다. 각질세포를 진정시키며 유지막을 형성하여 외부로부터 방어 능력을 회복해 주어야 하는 두피는 어떤 종류의 두피인가?
① 지성두피 ② 탈모성 두피
③ 건성두피 ④ 비듬성 두피

2. 뇌하수체 전엽에서 분비되는 호르몬이 아닌 것은?
① 성장 호르몬 ② 멜라닌 호르몬
③ 부신피질 호르몬 ④ 갑상선 호르몬

3. 다음 중 고농도의 남성 호르몬과 관련 없는 모는?
① 겨드랑이 털 ② 수염
③ 이마에서 정수리부분 ④ 가슴

4. 다음 중 남성탈모 치료제 로써 사용되는 약물이 아닌 것은?
① 프로페시아 ② 니조랄
③ 프로스카 ④ 두타

5. 갑상선에 문제로 인해 탈모가 유발되기도 한다. 다음 중 항진증에 해당하지 않는 것은?
① 심박동 증가 ② 지성피부로 변화
③ 식욕증가 ④ 눈썹바깥부분 탈락

6. 상담의 목적이 아닌 것은?
① 정확한 지식전달로 고객의 인식과 태도를 바꾸게 한다.
② 개선된 생활습관을 지니도록 한다.
③ 관리사의 의지대로 관리한다.
④ 고객의 잘못 된 습관을 스스로 깨닫게 한다.

7. 자연탈모의 모근 형태는?
① 곤봉형 상태 ② 마름모 상태
③ 느낌표 상태 ④ 뾰족한 상태

8. 외부로부터 기계적 기구나 손에 의한 자극에 의해 일어나며 주로 여자 아이에게서 나타나는 탈모증은 어느 것인가?
① 결절열모 탈모증 ② 결발성 탈모증
③ 증후성 탈모증 ④ 비강성 탈모증

9. 다음 탈모증 중 그 상태가 틀린 것은?
① 산후탈모 ② 남성형 탈모
③ 여성형 탈모 ④ 원형 탈모

10. 다음 중 전염성이 있는 탈모증은 어느 것인가?
① 남설형 탈모 ② 두부건선 탈모
③ 두부백선 탈모 ④ 지루성 탈모

11. 모발의 성장을 억제하고 체모의 성장과 피지분비를 촉진하는 호르몬은?
① 여성호르몬 ② 남성호르몬
③ 갑상선 호르몬 ④ 성장 호르몬

12. 티록신이란 호르몬을 분비시켜 부신을 자극하고, 부신호르몬인 코티솔을 분비시켜 모낭활동을 촉진 휴지기에서 성장기로 전환시키는 효과가 있는 호르몬은 무엇인가?
① 뇌하수체 호르몬 ② 남성호르몬
③ 갑상선 호르몬 ④ 에스트로겐

13. 다음 탈모증 중에 원인이 제거 될 때 까지 진행되는 탈모가 아닌 것은?
① 미네랄 결핍 ② 빈혈
③ 호르몬 불균형 ④ 다이어트

14. 트리콜로지스트의 친절한 말씨와 공손한 태도는 고객에게 매우 필요하다 그 외 말을 대신하는 의사소통도 매우 중요함으로 피해야 하는 태도는?
① 얼굴표정이 마음을 표현하고 있다는 것을 인식한다.

② 적당한 거리에서 팔짱을 끼고 대화하는 것은 피한다.
③ 상대의 눈을 바로쳐다 보고 대화한다.
④ 대화 도중 휴대폰이 울리면 잠깐 통화는 가능 하다.

15. 아래(   )안에 알맞은 것은?

> 건강한 모발은 수증기는 통과하지만 물은 통과하지 못한다. 이것은 모표피중 (   )때문이고 알칼리용액 제한성이 가장 강하며 물리적 작용에 손상받기 쉽다.

① 에피큐티클 (epicuticle)
② 엑소큐티클(Exocuticle)
③ 엔도큐티클 (eodocuticle)
④ 헤어코텍스(hair cortex)

16. 트리콜로지스트가 갖추어야할 전문 지식들이다. 알맞지 않은 것은?
① 두피모발생리학 ② 인체생리학
③ 영양학 ④ 비만관리학

17. 건강한 모발을 위한 홈케어(homecare)샴푸 방법으로 잘못된 것은?
① 샴푸는 하루 한번으로 늘 청결함을 유지한다.
② 샴푸는 손가락 끝(지문)으로 두피를 밀어 내듯이 마사지한다.
③ 린스는 두피에 충분히 바르고 마사지하여 혈액순환과 영양을 돕는다.
④ 마지막에는 찬물로 마무리해 혈액순환을 돕는다.

18. 샴푸의 목적에 관한 설명이다. 이중 잘못된 것을 고르시오?
① 두피와 모발의 여러 이물질 및 노폐물을 제거한다.
② 두피의 혈행 촉진과 모발의 육성을 촉진 시킨다.
③ 피지와 유기물로 인한 모발의 끊김을 막아준다.
④ 두피와 모발의 컨디션을 조절한다.

19. 두발 영양 공급에 가장 중요한 영양소이며 가장 많이 공급 되어야 할 것은?
① 비타민 A ② 지방
③ 단백질 ④ 칼슘

20. 건강한 성인 두발에 대한 설명 중 틀린 것을 고르시오.
① 모든 두발은 같은 성장주기를 가지고 있다.
② 두발은 모두 성장의 3단계를 지니고 있다.
③ 임신 또는 정신적 기분 등으로 심한 탈모가 발생할 수 있다.
④ 세발이나 브러싱 할 때 쉽게 탈락되는 모발은 주로 휴지기 모발이다.

21. 다음은 무엇에 관한 설멍인가?

> 세포간교가 발달되어 있으며 랑게르한스셀이 분포되어 있다.

① 과립층 ② 유극층
③ 망상층 ④ 유두층

22. 다음 중 한선의 역할이 아닌 것은 ?
① 신장의 보조기능 ② 체온조절기능
③ 산도유지 ④ 수분 증발 억제

23. 피부에 있어서 교감신경계의 지배를 받고 있지 않은 것은?
① 혈관 ② 입모근
③ 한선 ④ 피지선

24. 모발의 성장 주기에 관한 용어이다. 맞게 연결되지 않은 것은?
① 퇴화기 – 카타겐 ② 성장기 – 아나겐
③ 휴지기 – 탈로겐 ④ 성장기 – 탈로겐

25. 유멜라닌(melanian)의 생성과정으로 바른 것은?
① 티로신–티로시나아제–산화–도파–도파퀴논–분사형 멜라닌
② 티로시나아제–티로신–도파–티로시나아제–도파퀴논–과립형 멜라닌
③ 티로신–티로시나아제–산화–도파–도파퀴논–과립형 멜라닌
④ 티로신–티로시나아제–산화–도파–도파퀴논–도파크롬–분사형 멜라닌

26. 피지가 분비되는 외부요인에 속한 것은?
① 마찰 ② 호르몬
③ 나이 ④ 체질

27. 10대 사춘기 여드름의 가장 근본적인 원인은?
① 인스턴트 음식 섭취 ② 스트레스
③ 수면부족 ④ 호르몬 분비 증가

28. 펌이나 염색, 탈색 등으로 손상된 모발을 약산성으로 유지시켜주는 제품으로 단백질의 변형이 거의 없는 샴푸제는?
① 염색모발용 샴푸 ② 민감성용 샴푸
③ 허벌샴푸 ④ 산성샴푸

29. 다음 중 린스에 대한 설명으로 옳지 않은 것은?
① 린스제의 pH는5-7정도이며 광택을 주고 건조함을 방지하는 효과가 있다.
② 린스는 양이온 계면활성제를 사용한 린스제가 일반적으로 많이 사용되고 있다.
③ 염색 후 모발에 이중막을 형성하여 퇴색을 방지하는 제품이 컬러픽스 린스이다.
④ 린스는 빗질을 용이하게 하며 정전기 발생을 막아주는 효과가 있다.

28. 마사지 방법 중 손바닥으로 두드리는 두피마사지 방법은?
① 컵핑 ② 해킹 ③ 슬래핑 ④ 탑핑

29. 모발의 미세 구조를 풀어서 나열한 것이다. 올바르게 나열한 것은?
① 폴리 펩티드-마이크로 피브릴-피질 세포-알파헤릭스장
② 폴리 펩티드-마크로 피브릴-마이크로 피브릴-피질 세포
③ 폴리 펩티드-프로토 피브릴-마이크로 피브릴-마크로 피브릴
④ 폴리 펩티드-피질 세포-마이크로 피브릴-마크로 피브릴

30. 모발의 주 원소로 속하지 않는 것은?
① C ② Zn ③ O ④ H

31. 피부에 있어 색소세포가 존재하고 있는 곳은 ?
① 표피의 각질층 ② 표피의 기저층
③ 진피의 유두층 ④ 진피의 망상층

32. 다음 피지선 중 독립 피지선은 ?
① 이마 ② 코주위
③ 눈두덩 ④ 발바닥

33. 모발의 성장단계 중 모모세포의 분열이 저조해져 성장이 멈추는 단계는 어느 시기 인가 ?
① 퇴행기 ② 탈모기
③ 성장기 ④ 휴지기

34. 피지의 성분이 아닌 것은?
① 트리글리세라이트 ② 오메가-3
③ 스쿠알렌 ④ 유리지방산

35. 다음 중 부교감 신경의 역할이 맞는 것은?
① 혈압상승 이완
② 한선에서 진한 땀 분비
③ 근육의 긴장
④ 아드레날린 분비왕성

36. 비만 세포에게 신호를 전달하는 것은?
① 케라티노싸이트 ② 멜라노싸이트
③ 머켈 셀 ④ 랑게르

37. 잘못 짝지어진 것은?
① 모표피 - 큐티클 ② 모피질 - 콜텍스
③ 모수질 - 메듈라 ④ 모피질 - 큐티클

38. 모발의 발생 형태에 따라 세 가지로 분류 하는데, 이중 속하는 것은?
① 부푼모 ② 파상모
③ 발생모 ④ 영구모

39. 지방의 분해를 도와주는 담즙이 분비 되는 곳은?
① 대장 ② 소장
③ 췌장 ④ 위

40. 지용성 비타민의 흡수를 촉진 시켜주는 방법은?
① 비타민제와 함께 복용
② 지방과 함께 복용
③ 물과 함께 복용
④ 지용성이므로 수용성과 함께 복용

41. 브러싱의 목적이 아닌 것은?
① 모발의 윤기를 준다.
② 모발의 여러 이물질을 제거한다.
③ 혈행 촉진과 모발 성장을 촉진
④ 가벼운 자극으로 기분 상승 효과를 준다.

42. 다음 중 틀리게 짝지어진 것은?
① 경찰법 - 손가락, 손바닥 등으로 가볍게 문지르는 방법
② 강찰법 - 피부를 강하게 집어 문지르는 방법
③ 진동법 - 피부와 하부조직에 진동을 전달하는 방법
④ 고타법 - 탭핑, 컵핑, 비팅 등으로 두드리는 방법

43. 아로마 오일이 두피에 미치는 영향은?
① 림프순환 이완으로 독성물질 축적을 예방
② 진피층에 산소와 영양분을 공급해 혈액순환 촉진
③ 신진대사의 원활 한 작용에 관여
④ 살균효과 및 호르몬 기능 조절 기능

44. 건강한 모발을 위한 샴푸 방법 중 다른 것은?
① 샴푸는 하루에 한번 한다.
② 아침에 감는다.
③ 미지근한 물로 여러 번 헹군다.

④ 저녁에 감는 것이 세정에 효과적이다.

45. 탈모에 대한 설명 중 옳지 않은 것은?
① 자연탈모의 모근에 곤봉형태이다.
② 불균형한 영양 공급으로 탈모가 된다.
③ 자외선에 의한 탈모의 모근은 끝이 휘어져있다.
④ 하루 100개 정도의 탈모는 건강 탈모이다.

46. 탈모의 전조 현상이다. 틀린 것은?
① 모발이 가늘어 진다.
② 팔, 다리, 가슴 등에 털이 많아진다.
③ 두피에 기름이 많아지고 지저분해 진다.
④ 모발이 잘 자란다.

47. 샴푸의 계면활성제에 대해서 바르게 표현한 것은?
① 샴푸에서는 대개 음이온성 계면활성제를 가장 많이 이용한다.
② 린스의 주성분은 양쪽 이온성 계면활성제이다.
③ 샴푸의 성분은 거품형성제와 주계면활성제로만 이루어진다.
④ 샴푸의 계면활정제란 계면성질 그대로를 유지한다.

48. 스켈링(Scaling)을 가장 바르게 표현한 것 은?
① 샴푸하기 전 두피마사지 단계를 말한다.
② 오래된 각질을 제거하여 각화현상으로 오염된 두피를 탈락시키고 건강한 두피 관리를 위해 준비단계이다.
③ 가발 본뜬 컷트를 말한다.
④ 두피를 건조한 후 영양 단계이다.

49. 트리콜로지스트의 자세는?
① 고객을 예의 바르고 정중하게 대한다.
② 손톱은 네일아트로 화려할수록 좋다.
③ 명찰착용은 금물이다.
④ 고객에게 엄숙한 분위기를 유도한다.

50. 두피관리 순서로 옳은 것은?
① 상담 → 마사지 → 세정 → 영양
② 세정 → 진단 → 건조 → 열처리
③ 세정 → 건조 → 영양 → 마사지
④ 진단 → 영양 → 열처리 → 세정

51. 자외선 차단지수 SPF(Sun Protection Factor)에 대해 설명한 것 중 맞지 않은 것은?
① SPF는 일광차단제의 자외선B 차단능력을 표시하는 지표이다.
② 자외선A의 차단정도는 APF로 표시된다.
③ SPF가 높을수록 자외선 차단 시간은 줄어든다. 는 표시이다.
④ 동양인은 SPF15 정도가 알맞다.

52. 모발 미네랄 검사이다. 관계가 먼 것은?
① 중금속 오염여부는 장기 축적 검사 종목으로 가능하나.
② 어지러움증, 우울증, 만성피로를 느꼈을 때 모발 검사가 필요하다.
③ 두피 후두부 5cm이내 에서 모발을 체취한다.
④ 염색 직후 모발 미네랄 검사를 바로 할 수 있다.

53. 린스와 트리트먼트의 차이점 설명으로 틀린 것은?
① 린스는 모발의 정전기 일시적인 효과
② 트리트먼트는 모발의 손상 복구 및 방지
③ 린스는 두피에 바르지 말고 모발유연제와 보습제로 이루어져 있다.
④ 트리트먼트의 구성성분은 모발유연제와 보습제로 이루어져 있다.

54. 여성 호르몬의 주 특징은 ?
① 피지분비 촉진 ② 모발성장 촉진
③ 체모발육 억제 ④ 피지분비 억제

55. 인체 내 호르몬 중에서 모발과 관련 없는 호르몬은 무엇인가 ?
① 코티솔 ② 안드로겐 호르몬
③ 갑상선 호르몬 ④ 임파선

56. 탈모의 원인이 아닌 것을 고르시오?
① 두피의 혈액순환 장애
② 땀이나 피지 등 이 모공을 막은 경우
③ 임신에 따른 호르몬의 변화
④ 두피 마사지

57. 다음 그림은 모발의 생성조건에 관한 그림이다. ( )안에 A-B를 알맞게 배열한 것은?

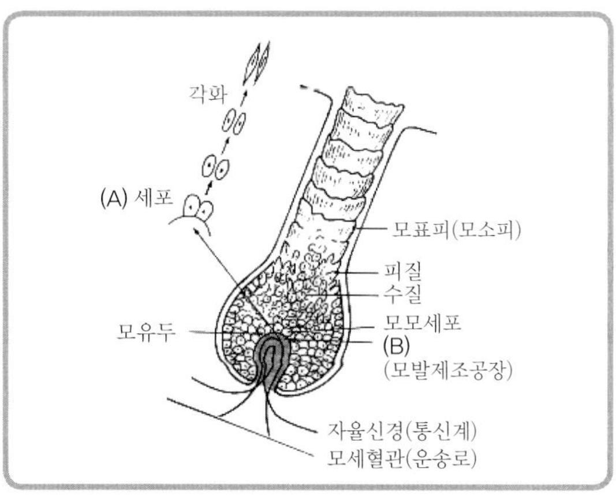

① A–모유두　　B–모모세포
② A–모모세포　B–모유두
③ A–기저세포　B–세라마이드
④ A–피질세포　B–간충물

58. 탈모증의 병원 치료법에 대한 내용이다. 최근 자가 모발이식술로 사용하고 있는 시술법은 어떤 것인가?
① 펀치법　② 미니그래프트법
③ 마이크로 그래프트법　④ 단일모 이식술

59. 피질세포 구조에 관한 내용이다. 연결이 틀린 것을 고르시오.
① 폴리펩티드: 펩티드, 시스틴, 이온, 수소결합
② 폴리펩티드: 프로토피브릴(2~3개)
③ 마이크로피브릴: 프로토피브릴(5~11개)
④ 매크로피브릴: 마이크로피브릴 + 간충물질

60. 영양소가 머리카락에 미치는 효과에 대해서 다른 하나는?
① 단백질 – 모발의 주성분
② 비타민B2 – 모발성장에 도움
③ 비타민B1 – 모발발육
④ 비타민B1 – 비듬방지

61. 남성형 탈모의 형태로 적당하지 않은 형은?
① H자형　② U자형　③ S자형　④ O자형

62. 트리콜로지스트(Trichologst)의 올바른 상담 표현 방법은?
① 어떻게 지금까지 방치하셨나요?
② 어떻게 이렇게 많이 빠지셨어요?
③ 전에도 여러번 설명했는데요.
④ 한번 더 확인해 드리겠습니다.

63. 트리콜로지스트의 자세로 올바르지 않은 방법은?
① 두피와 모발 생리학에 관한 전문지식을 습득한다.
② 고객에게 무엇을 도와 드려야 되는지 체크한다.
③ 치료를 장담하는 의료 행위는 하지 않는다.
④ 화려한 액세사리나 메이크업이 필요하다.

64. 트리콜로지스트는 상담할 때 진단카드로 고객에 대한 정확하고 섬세한 관찰이 필요하다. 고객 상담카드 내용 중 포함되지 않아도 되는 것은?
① 수면상태　② 모발길이
③ 식생활　④ 약물복용여부

65. 탈모 상태나 진행 상황의 두피를 진단하는 방법들 중 바르지 않는 것은?
① 혈액검사를 한다
② 고객의 모발과 두피를 손으로 만져본다.
③ 진단기로 측정한다.
④ 고객과의 면담을 통해서

66. 멜라닌에 대한 설명으로 올바른 것은?
① 피부에서는 표피와 진피 경계부에 존재한다.
② 피부색은 결정하지만 모발색을 결정하지는 않는다.
③ 활성산소를 유발한다.
④ 모발에는 멜라닌색소가 없다.

67. 아래 보기와 같은 검사는 어떠한 검사를 통해 알 수 있는가?

> 오랫동안 축척된 영양미네랄과 중금속 함량을 과학적으로 분석하여 체내의 영양불균형상태와 중금속 오염 및 내분비 기능을 평가하고 이 결과로 인한 영양소의 보충과 식습관 개선으로 장기간 영양상태에 대한 교정을 할 수 있다. 이 방법을 통해 현재건강상태를 체크하고 질병예방에도 도움이 될 수 있다.

① 혈액검사　② 소변검사
③ 모발미네랄검사　④ 초음파검사

68. 셀룰라이트(cellulite)에 대한 올바른 설명은?
① 셀룰라이트는 과도하게 축척된 지방으로 피부 표면이 오렌지 껍질처럼 울퉁불퉁해 보이는 상태를 말한다.
② 셀룰라이트는 호르몬과는 상관없이 다만 지방 축척이 요인이다.
③ 임신 동안에는 전혀 생기지 않는다.
④ 셀룰라이트는 영양분의 불균형으로 비타민제를 복용하면 개선된다.

69. 다음은 두피 증상에 관한 내용이다. 무엇을 설명하는 것인가?

> – 주원인: (피티로스포룸, 말라세시아)
> – 보조원인: 영양 불균형, 과다한 피지분비, 환경 오염, 약품에 의한 염증

① 정상두피　② 지루성 두피
③ 예민성 두피　④ 비듬성 두피

70. 다음 보기 중 한가닥의 머리카락을 두피(모근)로 부터 뽑아내는 데 필요한 힘을 무엇인가?
① 모발의 탄력성　② 모발의 밀도
③ 모발의 고착력　④ 모발의 인장강도

71. 다음 보기 중 비타민 A, C가 많아 피부, 두피, 모발을 건강하게 하며 피로회복 및 이뇨작용을 촉진시켜 주는 역할을 하며 과잉시 철분 흡수를 방해하는 음식은 무엇인가?
① 현미　② 간
③ 마늘　④ 녹차

72. 단백질의 최종 분해산물은?
① 글리세린　② 아미노산
③ 포도당　④ 글리고당

73. 모발은 인체 내에 여러 가지 호르몬이 작용하는 것으로 알려져 있다. 이 중 모발과 관여 없는 호르몬은?
① 코티솔　② 안드로겐 호르몬
③ 갑상선 호르몬　④ 임파선

74. 다음 중 피지분비를 촉진 시키는 호르몬과 관련 없는 호르몬은?
① 프로게스테론　② 티록신
③ 에스트로겐　④ 테스토스테론

75. 지루성 두피의 특징이다. 바르지 않은 것은?
① 과다한 피지로 인해 고여 있는 듯 촉촉한 상태이다.
② 비듬이 많이 관찰되며 가려움증을 동반 하는 경우도 있다.
③ 붉은 색을 띠며 표면에 홍반 및 염증이 확인된다.
④ 남성호르몬의 과다작용이 원인이 될 수 있다.

76. 남성 탈모의 증상이 아닌 것은?
① 모발이 가늘고 부드러워 진다.
② 피지량이 증가한다.
③ 체모가 줄어든다.
④ 빠른 경우 17세부터 시작 된다

77. 다음 중 자외선에 의해 피부에서 만들어지며 칼슘과 인의 흡수를 촉진하는 기능이 있어 골다공증의 예방에 효과적인 것은?
① 비타민K　② 비타민P
③ 비타민D　④ 비타민E

78. 피부에 있어서 교감 신경계의 지배를 받고 있지 않은 것은?
① 혈관　② 입모근
③ 한선　④ 피지선

79. 건강한 성인 두발에 대한 설명 중 틀린 것을 고르시오.
① 모든 모발은 같은 성장주기를 가지고 있다.
② 두발은 모두 성장의 3단계를 지니고 있다.
③ 임신 또는 정신적 기분 등으로 심한 탈모가 발생할 수 있다.
④ 세발이나 브러싱할 때 쉽게 탈락되는 모발은 주로 휴지기 모발이다.

80. 건강한 두피의 색은?
① 청백의 우유빛　② 핑크빛
③ 투명　④ 흰색

81. 모발을 구성하는 세포는 어디서 만들어 지는가?
① 모모(毛母)　② 모근(毛根)
③ 모간(毛幹)　④ 모구(毛球)

82. 영양이 부족해서 세로로 모발이 갈라지는 현상은?
① 원형 탈모증　② 열모 결발증
③ 결절 열모증　④ 사모

83. 브러싱 테크닉 순서로 옳지 않은 것은?
① 머리를 앞으로 기울인 상태에서 목덜미에서 이마 방향으로 머리를 빗는다.
② 머리 측면에서 정수리 방향으로 빗는다.
③ 정수리 방향에서 측면으로 빗는다.
④ 이마에서 목덜미 방향으로 빗어 내리며 브러싱을 끝낸다.

84. 효소 5알파 환원 효소는 무엇을 화학변화시키는가?
① DHT에서 테스토스테론으로
② DHEA에서 DHEAS로
③ 테스토스테론에서 DHT
④ Androstenedione에서 테스토스테론으로

85. 손상모가 세로 방향으로 잘 끊어지는 현상을 고려할 때 모발의 화학결합 가운데 가장 강한 결합력은?
① 폴리펩티드 결합　② 시스틴 결합
③ 염결합　④ 수소 결합

86. 모피질에 대한 설명이 아닌 것은?
① 모발의 대부분을 차지하며 모발의 성질을 좌우한다.
② 모발시술 과정에서 가장 양향을 많이 받는다.
③ 여러 가지 섬유조직과 간충물질로 구성되어 있다.
④ 물리적인 손상을 가장 받기 쉽다.

87. 모발의 고유 성질이 아닌 것은?
① 열변성　② 대전성

③ 광변성　　④ 부패성

88. 모발의 pH에 대한 설명 중 틀린 것은?
① 일반적으로 산성, 알칼리성의 정도를 나타내는 수치를 말한다.
② 수분이 없는 물질에서만 pH측정이 가능하다.
③ 수치는 0에서 14까지 있다.
④ 7을 중성으로 본다.

88. 내분비 이상에 의한 탈모로 잘못 설명한 것은?
① 뇌하수체 기능저하로 모발뿐 아니라 액모나 음모가 없어지는 경우도 있다.
② 갑상선 기능저하로 원형 탈모증으로 진행된다.
③ 갑상선 기능 저하로 모발에서 체모까지 적어지며 눈썹이 적어지는 것이 특징이다.
④ 갑상선 기능 항진으로 원형탈모증으로 진행된다.

89. 교감 신경계의 역할이 아닌 것은?
① 호흡이 가빠진다.
② 혈관이 수축한다.
③ 아드레날린 분비를 왕성하게 한다.
④ 소화관 운동을 촉진 시킨다.

90. 각질화 과정이 실제 일어나는 층은?
① 표피의 과립층　　② 표피의 투명층
③ 표피의 각질층　　④ 표피의 기저층

91. 배아층이 진피층에서 진입하는 단계이며 발달된 중간층 세포가 배아층 세포 속으로 진입하는 단계는?
① 전모아기　　② 모아기
③ 모항기　　④ 모구성모항기

92. 스트레스가 하는 일이 아닌 것은?
① 아드레날린 생성을 증가시킨다.
② 땀 분비를 증가시킨다.
③ 심장 박동률을 증가시킨다.
④ 당원분해를 감소시킨다.

93. 지성피부, 확산성 탈모, 신경질, 열이 나는 느낌은 무엇과 관련 있는가?
① 당뇨　　② 갑상선 기능 부전
③ 갑상선 기능 항진　　④ 남성화

94. 다음 식품군 중 효소에 의해 분해되지 않는 것은?
① 탄수화물　　② 단백질
③ 지방　　④ 미네랄

95. 마사지의 결과로써 말초 순환과 발한을 증가시키는 것은 몸에 어떤 시스템의 역할인가?
① 내분비계　　② 중앙신경계
③ 교감신경계　　④ 부교감신경계

96. 아포크린선은 무엇에 의해 조절 되는가?
① 티록신　　② 교감신경계
③ 성호르몬　　④ 인슐린

97. 모발이 퇴행기와 휴지기로 들어가면 멜라노사이트는?
① 모근에 남는다.
② 표피 속으로 이동한다.
③ 유두 속으로 이동한다.
④ 죽는다.

98. 다음 중 신경 전달에 있어서 중요하지 않은 미네랄은?
① 칼슘　　② 망간
③ 마그네슘　　④ 칼륨

99. 모피질에 대한 설명이 아닌 것은?
① 모발의 85~90% 대부분을 차지한다.
② 멜라닌 색소를 많이 함유하고 있다.
③ 화학약품의 작용을 받기 쉽다.
④ 모발의 건조를 막아준다.

100. 모근부의 구조 중에서 포함되지 않는 것은?
① 모구부　　② 모유두
③ 헤어코텍스　　④ 모모세포

해답

두피관리 문제은행 Associate Trichologist(Level II)

Type A

1	③	11	④	21	④	31	①	41	②	51	①	61	①	71	③	81	③	91	②
2	①	12	①	22	②	32	③	42	①	52	④	62	④	72	②	82	③	92	②
3	②	13	①	23	②	33	②	43	②	53	④	63	②	73	③	83	①	93	④
4	④	14	③	24	①	34	④	44	④	54	③	64	②	74	③	84	①	94	①
5	④	15	④	25	②	35	①	45	①	55	③	65	①	75	①	85	③	95	②
6	①	16	③	26	②	36	①	46	②	56	③	66	①	76	②	86	③	96	③
7	④	17	④	27	④	37	④	47	①	57	②	67	④	77	①	87	②	97	③
8	①	18	①	28	②	38	④	48	④	58	①	68	④	78	④	88	①	98	③
9	④	19	②	29	③	39	②	49	①	59	①	69	④	79	②	89	②	99	④
10	①	20	④	30	④	40	③	50	②	60	②	70	③	80	②	90	①	100	④

Type B

1	④	11	③	21	②	31	④	41	④	51	③	61	④	71	②	81	①	91	④
2	②	12	③	22	②	32	①	42	①	52	①	62	③	72	③	82	④	92	①
3	④	13	③	23	④	33	②	43	④	53	①	63	④	73	②	83	④	93	①
4	④	14	①	24	③	34	③	44	④	54	③	64	③	74	③	84	②	94	③
5	③	15	④	25	③	35	④	45	④	55	①	65	③	75	③	85	②	95	③
6	①	16	④	26	③	36	④	46	②	56	①	66	④	76	③	86	①	96	②
7	④	17	②	27	②	37	④	47	②	57	②	67	①	77	③	87	③	97	②
8	④	18	②	28	③	38	①	48	②	58	③	68	④	78	②	88	①	98	②
9	①	19	②	29	③	39	②	49	③	59	④	69	④	79	①	89	④	99	①
10	①	20	③	30	④	40	③	50	②	60	②	70	④	80	③	90	①	100	①

Type C

1	③	11	①	21	③	31	②	41	③	51	③	61	③	71	①	81	③	91	②
2	③	12	②	22	①	32	②	42	③	52	①	62	③	72		82	③	92	③
3	③	13	①	23	①	33	④	43	③	53	④	63	④	73	①	83	③	93	③
4	④	14	④	24	①	34	②	44	④	54	④	64	④	74	②	84	③	94	①
5	④	15	①	25	②	35	②	45	③	55	①	65	④	75	③	85	①	95	④
6	③	16	③	26	③	36	②	46	②	56	③	66	④	76	①	86	④	96	④
7	③	17	③	27	①	37	④	47	①	57	②	67	④	77	①	87	②	97	④
8	④	18	③	28	①	38	①	48	①	58	①	68	②	78	③	88	①	98	②
9	④	19	②	29	④	39	③	49	④	59	②	69	③	79	①	89	③	99	③
10	③	20	①	30	①	40	②	50	②	60	③	70	①	80	③	90	④	100	③

Type D

1	④	11	①	21	①	31	②	41	③	51	③	61	③	71	①	81	④	91	①
2	③	12	④	22	③	32	①	42	③	52	②	62	②	72	④	82	④	92	③
3	④	13	③	23	④	33	④	43	②	53	①	63	④	73	②	83	②	93	②
4	①	14	①	24	②	34	④	44	④	54	①	64	③	74	②	84	②	94	①
5	②	15	①	25	④	35	①	45	③	55	③	65	③	75	④	85	③	95	③
6	③	16	④	26	④	36	②	46	④	56	②	66	③	76	③	86	②	96	③
7	③	17	①	27	②	37	④	47	④	57	③	67	②	77	①	87	①	97	②
8	④	18	④	28	①	38	③	48	①	58	④	68	③	78	④	88	④	98	①
9	①	19	③	29	④	39	④	49	②	59	①	69	①	79	④	89	①	99	②
10	④	20	①	30	③	40	③	50	③	60	②	70	①	80	④	90	④	100	

Type E

1	③	11	②	21	②	31	②	41	③	51	③	61	③	71	④	81	①	91	②
2	②	12	③	22	④	32	③	42	②	52	④	62	④	72	②	82	③	92	④
3	①	13	④	23	②	33	①	43	①	53	④	63	④	73	④	83	③	93	③
4	②	14	④	24	④	34	②	44	②	54	②	64	②	74	③	84	③	94	④
5	④	15	①	25	③	35	①	45	③	55	④	65	①	75	②	85	①	95	③
6	③	16	④	26	①	36	④	46	④	56	④	66	①	76	③	86	④	96	③
7	①	17	③	27	④	37	④	47	①	57	④	67	③	77	③	87	④	97	③
8	②	18	③	28	④	38	②	48	②	58	④	68	①	78	④	88	②	98	②
9	④	19	③	29	②	39	③	49	①	59	②	69	④	79	①	89	④	99	④
10	③	20	①	30	②	40	②	50	①	60	③	70	③	80	①	90	①	100	③

참고도서

- 오리지널 두피관리학, 형성출판사, 장수만
- 기초모발과학, 예림, 권미윤
- 해부생리학, 범문사, 옮긴이 박경환 외
- Gray's Anayomy for students, Richard L. Drake
- 모발 · 두피관리학, 청구문화사, 곽형심 외
- 모발과 두피관리, 훈민사, 윤천성 외
- 모발과학, 수문사, 최근희 외
- 메디칼스킨케어 & 스파1, 도서출판 임송, 김영미 저
- 메디칼스킨케어 & 스파2, 도서출판 임송, 김영미 저
- 모발생물학, 서울대학교 출판부, 은희철 외
- 모발 및 두피관리, 예림, 김민정 외
- 생리학(제4개정판), 현문사, 최명애 외
- trichologist education book3, 한국두피건강협회
- 피부학, 청구문화사, 강성례외

저자약력

장수만 • 미스터블랙탈모연구소 원장
김경란 • 서라벌대학 헤어디자인과 교수
장미엽 • 영산대 · 부산예술대 외래교수
한애란 • 오륜정보산업학교 헤어교사
김경화 • 대구산업정보대 겸임교수
송혜정 • 사)대한가발협회, 대한두피협회 인증강사
김옥매 • 진주보건대 외래교수
김옥현 • 미스터블랙탈모연구소 연구원
유미숙 • 사)대한가발협회, 대한두피협회 인증강사
이재순 • 경북과학대학 교수
이천형 • L솔루션헤어 원장
이진영 • 사)대한가발협회, 대한두피협회 인증강사
신미희 • 사)대한가발협회, 대한두피협회 인증강사
박수경 • 사)대한가발협회, 대한두피협회 인증강사

기본 두피관리학 레벨 II

초판인쇄 2012년 2월 20일
초판발행 2012년 2월 28일

지은이 장수만 · 김경란 · 장미엽 · 한애란 · 김경화 · 송혜정 · 김옥매 · 김옥현
유미숙 · 이재순 · 이천형 · 이진영 · 신미희 · 박수경
발행인 최국주
발행처 동명사

주소 • 경기도 파주시 교하읍 문발리 535-10 파주출판단지 30블록 4롯트
전화 • 031)955-7200(代), 955-7201-4, 7203(편집부)
Fax • 031)955-7205
출판등록 • 1950년 11월 1일(제1-76호)
e-mail • dms723@chol.com
홈페이지 • www.dmsbook.com

정가 33,000원

ISBN • 978-89-411-8103-3 13590